ENCYCLOPÉDIE-RORET

AMÉLIORATION

DES

LIQUIDES

Poissy. — Imp. Arbieu, Lejay et Cie.

MANUELS-RORET

NOUVEAU MANUEL COMPLET

DE

L'AMÉLIORATION

DES

LIQUIDES

TELS QUE

VINS, VINS MOUSSEUX, ALCOOLS, EAUX-DE-VIE, LIQUEURS, KIRSCHS, RHUMS, CIDRES, VINAIGRES, ETC.

contenant

L'ART D'IMITER LES VINS DE TOUS LES CRÛS, DE LES COUPER
DE LES COLORER, DE LES DÉSACIDIFIER; LA MANIÈRE DE LES DÉGUSTER,
DE LES RECONNAÎTRE ET DE LES CLASSER;
LES MEILLEURES FORMULES
POUR LA FABRICATION DES VINS DE LIQUEUR, DES SPIRITUEUX,
DES SIROPS, DES VINAIGRES, DES BIÈRES,
DES VINS ARTIFICIELS A L'USAGE DES COLONIES, ETC.

Par M. V.-F. LEBEUF

TROISIÈME ÉDITION

REVUE ET AUGMENTÉE

DU CHAUFFAGE DES VINS

PARIS

LIBRAIRIE ENCYCLOPÉDIQUE DE RORET

RUE HAUTEFEUILLE, 12

1869

Droits de propriété et de traduction réservés

AVIS

Le mérite des ouvrages de l'**Encyclopédie-Roret**
leur a valu les honneurs de la traduction, de l'i-
mitation et de la contrefaçon. Pour distinguer ce
volume, il porte la signature de l'Éditeur, qui se réserve
le droit de le faire traduire dans toutes les langues, et
de poursuivre, en vertu des lois, décrets et traités inter-
nationaux, toutes contrefaçons et toutes traductions
faites au mépris de ses droits.

Le dépôt légal de ce Manuel a été fait dans le cours
du mois de juin 1869, et toutes les formalités prescrites
par les traités ont été remplies dans les divers États
avec lesquels la France a conclu des conventions litté-
raires.

NOUVEAU MANUEL COMPLET

DE

L'AMÉLIORATION

DES

LIQUIDES

De l'Amélioration des Vins en général

Améliorer les vins, c'est les rendre propres à l'alimentation, c'est-à-dire sains, agréables et réconfortants. Tout ce qui ne tend pas à atteindre ce triple but sort de l'art d'améliorer les liquides en général et n'est plus que du commerce ou de la fraude.

L'amélioration des liquides a donc trois faces distinctes qui sont le traitement :

1º Des vins malsains naturellement ;
2º Des vins qui ont un goût de terroir ;
3º Des vins débilitants.

Les vins sont malsains :

Quand ils sont troubles ou malades, qu'ils n'ont que quelques semaines d'existence, qu'ils sont âpres, verts, acides et non dépouillés des matières étrangères ou organiques qu'ils contiennent.

Les vins ont un goût de terroir :

Toutes les fois qu'ils possèdent un arôme qui n'est pas agréable, trop prononcé, ou qui se distingue de celui des vins estimés.

Les vins sont débilitants :

Quand ils ne contiennent pas une assez grande quantité d'alcool, qu'ils sont acides ou verts, qu'ils proviennent de raisins qui ont mal mûri ; c'est-à-dire que les parties qui les constituent, le sucre, l'acide, l'eau, l'alcool, ne sont pas dans de bonnes proportions, et que les sels ou les acides sont en trop forte quantité.

Telles sont les trois grandes catégories des vins à améliorer.

Le vigneron, raisonnant à son point de vue de producteur, déclare, avec une bonne foi qu'on ne saurait suspecter, que tout vin *naturel* ne peut être nuisible. Nous soulignons le mot naturel avec intention : *naturel* signifie, dans le langage du vigneron, du vin dans lequel on n'a mis aucune autre substance que du raisin. Que son vin soit limpide ou trouble, vieux ou nouveau, dur ou tendre, gras ou aigre, poussé ou amer, pour lui, c'est du *vin naturel* et il ne saurait être malfaisant.

Si tel est le langage du vigneron, ce n'est ni celui de la science, ni celui du consommateur, et encore moins celui du marchand-acheteur.

On ne saurait admettre qu'un vin nouveau qui tient en suspension 6, 7, 8 et 10 pour cent de matières étrangères ; des acides, de la terre, etc., dont les parties ne sont pas combinées et encore susceptibles de fermentation, soit un vin potable. Cela est si peu vrai, qu'il existe dans diverses localités des arrêtés administratifs par lesquels la vente des vins nouveaux est interdite jusqu'à une certaine époque. Ce minimum de l'administration écoulé, il ne s'ensuit pas que le vin soit salubre; cela dénote simplement que le moment le plus dangereux est passé, comme poison immédiat, ce qui ne l'empêche pas de produire ses effets lentement et d'attaquer profondément certains tempéraments, de causer des indispositions et même des maladies. Le vin nouveau ne fût-il que désagréable, que cela justifierait les moyens employés pour le purifier des matières étrangères qu'il contient et qu'il répugne de boire.

Que dirons-nous des vins provenant de vendange mal mûrie? La récolte de 1860 a donné de ces vins acides qui ressemblaient plutôt à une solution d'acide tartrique qu'à du vin. Ces vins ont causé des malaises, des crampes d'estomac, des coliques, des dyssenteries, etc., etc., qui en ont fait repousser l'usage par tous ceux qui ont pu s'en passer, soit en ne consommant que du vin vieux, soit en le remplaçant par d'autres boissons.

Personne que nous sachions ne contestera l'influence malsaine des vins aigres, poussés, gras, et de tous les vins malades en général. Les vins troubles ou dont la clarification n'est pas complète, doivent également être exclus de la consommation, tant qu'ils ne sont pas revenus à une limpidité parfaite. Sans doute, ces vins n'exercent pas une influence malfaisante immédiate sur tous les tempéraments, ils ne tuent pas comme un coup de foudre; mais souvent ils sont la cause déterminante d'une foule de maladies qui ne se déclarent que longtemps après que l'usage en a cessé, et dont le médecin recherche inutilement la cause.

Le vin devient de plus en plus utile, car c'est

la seule boisson qui, bien soignée, soit à la fois agréable, réparatrice et puissamment fortifiante. Il nous défend contre l'invasion intérieure d'une foule d'animalcules qui rongent l'espèce humaine. Nous respirons, nous mangeons, nous buvons sans cesse des animalcules, soit à l'état d'œufs, soit tout formés : le vin est, de ce poison incessant et vivant, l'antidote le plus efficace et le plus facile.

Aux dames qui ne boivent que de l'eau, nous dirons ici, en passant, que Sidner a dit et prouvé que l'eau est de moins en moins pure ; qu'aux premières époques elle ne contenait pas ou peu d'infusoires, tandis qu'aujourd'hui elle en est remplie. « À mesure, dit-il, que les siècles s'avancèrent, les plantes et les animaux s'introduisirent dans l'eau en s'y dissolvant ; leur présence et leurs décompositions altérèrent et corrompirent la qualité de l'eau. » Il termine en donnant l'analyse d'une goutte d'eau vue au microscope : elle contenait des myriades d'insectes. Cependant c'était de l'eau pure.

Le propriétaire de vignes n'a jamais reconnu de goût de terroir,... si ce n'est dans les vins du crû voisin !... Le vin de son crû est toujours le meilleur, ce qui n'empêche pas que ceux qui n'ont pas l'habitude d'en boire le trouvent mauvais. Citons à ce propos ce qu'en dit le docteur Gaubert :

.... L'enthousiasme du vin du crû *est porté* jusqu'à la fureur... Il n'est pas de vignoble, si infime qu'il soit, qui n'ait ses vins supérieurs, moyens et inférieurs. Sur ce théâtre microscopique, le propriétaire du bon clos pratique avec une violence qui serait insupportable si elle n'était plaisante, la maxime de César : *Aimer mieux être le premier dans le village que le second à Rome.*

Gaubert raconte qu'étant à dîner dans le midi, on lui servit du vin aigre. Le maître de la maison, avec la conviction la plus profonde, le déclarait incomparablement supérieur à tous les premiers crûs du monde.

Sur la réflexion du fils qui habitait Paris, et qui déclara le vin aigre et mauvais, et qu'il serait mieux de le vendre pour acheter du bordeaux, le père faillit tomber en apoplexie.

Que signifie ce fait?... Un vieillard éclairé, du plus admirable bon sens d'ailleurs, un homme qui, pendant trente ans, à été membre de l'Académie des sciences de son département, maire du chef-lieu, à la grande satisfaction de 30,000 administrés, maintient, avec une entière bonne foi, que du vinaigre, ou à peu près, est le premier de tous les vins parce qu'il est de son crû! Tous les propriétaires de vignobles en sont là. L'échantillon que nous avons donné est, sauf la vivacité extrême, un état qui leur est commun à tous.

Le goût de terroir ne va pas jusqu'au vinaigre; mais il est impossible, à celui qui récolte du vin ainsi taché, de le reconnaître et de l'apprécier. La moitié au moins des vins qu'on récolte en France ont un arôme plus ou moins prononcé, plus ou moins désagréable. Pas un de ceux qui les récoltent ne le sait ni ne l'avoue.

Les vins débilitants sont très-nombreux. Ce sont ceux qui ne contiennent pas assez d'alcool, avons-nous dit, et ceux qui sont très-acides; on sait déjà ce que nous pensons de ces derniers.

Que l'on n'oublie pas que le principe le plus important du vin, c'est l'alcool. Du vin sans alcool n'est pas du vin; car s'il en est dépourvu ou qu'il en contienne une trop faible quantité, il n'a pas la propriété d'être tonique, de réchauffer

l'estomac et de porter dans tout l'organisme ani-
mal l'activité, la chaleur et la vie.

Il est vrai que l'alcool seul ne saurait produire
ces effets; qu'il faut qu'il se trouve associé aux
autres principes du vin dans de bonnes proportions ; mais il n'en est pas moins vrai qu'il est le
principal et que là où on le rencontre, on doit
rencontrer les autres.

Le docteur Gaubert, dit à propos des boissons
de cette nature :

« Il faut que le petit consommateur prévoyant,
qui vit en famille, trouve dans nos observations,
les motifs de la préférence qu'il doit leur accor-
der... Une boisson de cette nature qui fortifiera
son cœur et son corps contre les rudes épreuves
de la vie, qui donnera à ses muscles le ton nécessaire, sera un accroissement de son capital.
Il n'en sera pas de même, si pour économiser
quinze ou vingt francs par barrique, il prenait
un des breuvages inqualifiables qui se trouvent
dans les guinguettes des départements de l'Oise,
de Seine-et-Oise et de Seine-et-Marne; il n'y
puiserait que le malaise et l'affaiblissement du
corps. Ces vins sont si mauvais qu'ils gâtent, sans
s'améliorer, les qualités plus chaudes avec lesquelles on a essayé de les couper. »

Plus loin, il ajoute :

« Les vins aigrelets, ou aigres, plats ou gros-
siers, d'un arôme désagréable, d'un goût de terroir prononcé, ne sont pas le partage exclusif
des départements qui avoisinent Paris. Le nord,
le centre de la France en produisent des millions
d'hectolitres chaque année, et sur plusieurs
points, à côté de vins distingués. Le défaut commun à tous ces vins, est le manque de proportion entre les éléments qui les constituent, et
l'oppression du principe chaud, l'alcool, par les

autres principes dont la destination est de le tempérer seulement.

» Si le prix de ces vins s'établissait sur leur valeur réelle, sur leurs qualités utiles, rapprochées de celles des vins communs du midi, il ne dépasserait que bien rarement 5 fr. par hectolitre ; ils valent mieux que de l'eau pour l'homme qui exerce au grand air, une profession fatigante, mais ils n'en sont pas plus bienfaisants pour cela. »

En résumé, l'amélioration des vins consiste donc :

1o *Pour les vins naturellement malsains :*

A désacidifier ceux qui sont trop acides, à modifier la constitution de ceux qui ne sont pas assez alcooliques, à séparer par la clarification, les substances et matières étrangères ou organiques de nature à susciter la fermentation, à agir sur l'économie animale, ou sur la conservation du vin et à en altérer les qualités, etc.;

2o *Pour les vins qui ont un goût de terroir :*

A les dépouiller des odeurs et arômes désagréables ou insolites qu'ils ont ; à les affranchir de toutes séves particulières, à les rapprocher des types préférés par la consommation, à les rendre agréables à boire en faisant disparaître le cachet propre à leur crû;

3o *Pour les vins débilitants :*

A leur restituer les principes qui leur manquent ; à éliminer ceux qui sont en surabondance ; à établir une harmonie parfaite dans leur composition, en corrigeant leurs vices naturels, en modifiant leur nature.

Il n'y a que deux manières de mélioration des vins: la première en employant des substances inoffensives qui n'augmentent pas la quantité; la seconde, en se servant de substances qui augmentent la quantité et diminuent la valeur réelle du liquide, tout en produisant certains effets que l'on recherche.

Expliquons-nous. On désacidifie du vin, on le vieillit, en pratiquant l'opération de la désacidification, telle que nous l'indiquons dans le cours de cet ouvrage, et on le désacidifie en y ajoutant beaucoup d'eau et d'alcool. Le premier moyen est permis, le second est une fraude, punie comme le sont toutes les falsifications.

Nous ne parlerons pas des moyens empiriques, dangereux; ce serait leur faire trop d'honneur que de les citer dans un traité où il est question d'amélioration. Mettre, par exemple, de la litharge dans du vin, dans le but de l'adoucir, ce n'est pas améliorer, c'est empoisonner. Nous avons eu assez de ces exemples en 1861, ce qui est une honte pour un pays comme la France. Plusieurs négociants ont été poursuivis et condamnés pour avoir mis de cette substance dans leur vin, à de fortes amendes et à de la prison : c'était justice ! !

Que l'on ne perde pas de vue que l'amélioration ne doit jamais prendre le caractère d'une fabrication : car toute augmentation doit être avouée, connue, déclarée hautement, autrement, elle est et doit être assimilée à une falsification, et punie comme telle. Ainsi donc, tous les moyensque nous indiquerons ne comportent pas d'augmentation dans les quantités. La coloration des vins seule fait exception ; mais cette exception est justifiée par une autorisation spéciale. Du reste, l'augmentation n'étant que de un à deux pour cent, et ne portant que sur des principes organiques déjà contenus dans le vin, à savoir du tannin, du sucre, etc., etc., on comprend aisément qu'elle n'est pas une falsification : en effet, le négociant ne peut spéculer sur l'avantage qu'il retirerait de l'addition de 2 pour cent de teinte ; puisque cette addition lui coûte plus que le vin lui-même : toute idée d'augmentation et de fraude disparaît donc.

On nous a posé cette question à laquelle nous avons répondu : *La coloration est-elle utile? est-elle une amélioration.* Nous renvoyons à l'article *Coloration*, pour avoir la solution de cette question, qui serait déplacée ici.

DU VIN

Composition du vin. — Fabrication. — Refermentation des marcs. — Conservation. — Clarification. — Amélioration. — Coupage. — Coloration. — Désacidification. — Les vins du midi. — Les vins du nord.— Vin muet. — Vieillissement. — Bouquet et arôme. — Alcoolisation. — Transport par mer.— Maladies. — Dégustation.

Composition du vin

Quoique la connaissance de la composition du vin ne soit pas indispensable à ceux à qui s'adresse ce livre, nous croyons cependant devoir en parler, afin de faciliter l'intelligence de certains faits que nous aurons l'occasion de citer.

Les matières que l'on trouve dans le vin sont:

1° De l'eau, qui en forme la partie la plus considérable ;

2° De l'alcool ;

3° De la matière sucrée, non décomposée, en petite quantité dans les vins du midi et dans ceux dont la fermentation n'est pas terminée ;

4° Des sels à base de potasse, et surtout du tartre qui donne l'acidité au vin ;

5º Un arôme ou bouquet qui varie suivant les localités ;

6º Du tannin, matière acerbe ou astringente qui contracte les parois de la bouche, à la dégustation;

7º Une matière colorante, provenant de la pellicule du raisin;

8º De l'acide carbonique;

9º Diverses autres substances d'une importance très-minime, telles que de l'acide acétique, du ferment, de l'éther œnanthique, etc., etc.

Fabrication

Il n'est pas dans notre plan d'entrer dans de grands détails sur la fabrication du vin; il y a assez d'ouvrages spéciaux qui traitent de cette opération pour que nous nous dispensions d'en parler.

Cependant, comme on ne peut trop vulgariser les bonnes méthodes, nous allons indiquer succinctement la manière rationnelle de faire le vin. Les quelques lignes que nous consacrerons à ce sujet seront un hors-d'œuvre inaperçu de ceux qu'il n'intéressera pas, mais qui pourra avoir son utilité pour beaucoup d'autres.

Un vin bien fait est toujours agréable et susceptible de se conserver et de s'améliorer; un vin mal fait souvent n'est propre ni à être bu, ni à être brûlé, ni à être converti en vinaigre. Il est donc indispensable de s'attacher à lui donner toutes les qualités naturelles possibles; car c'est le point de départ de toute amélioration.

Rien n'est plus facile que de bien faire le vin. Voici la *recette* théorique et pratique la plus sûre, la plus rationnelle, et peut-être aussi la plus simple et la plus économique:

1º Ne mélangez pas le raisin sain et mûr avec

celui qui ne l'est pas. Rejetez les raisins pourris ou verts ou faites-les fermenter à part si votre vignoble a quelque réputation;

2º Ecrasez la vendange soit au moyen d'une fouloire, ou dans une cuvelle; car c'est la fluidité du moût qui donne une fermentation régulière et complète. Ne souffrez jamais que des hommes nus descendent dans votre cuve, c'est une opération aussi incomplète qu'elle est dégoûtante;

3º Remplissez votre cuve le plus rapidement possible;

4º Une température un peu élevée est nécessaire pour que la fermentation s'établisse. Il faut au moins 10 à 12 degrés dans le nord et 15 à 16 dans le midi; au-dessus de ces températures, la fermentation devient trop rapide et violente; au-dessous, elle est trop lente et incomplète.

Quand la température est trop basse, il faut l'élever en faisant chauffer du moût jusqu'à l'ébullition, qu'on jette dans la cuve, non quand elle est pleine, mais à chaque tiers seulement, et en agitant la masse, afin de répartir également la chaleur; ou, encore, en entretenant à 18 ou 20º la température du local où sont les cuves, à l'aide de poêles que l'on chauffe pendant plusieurs jours même avant la vendange.

Avant de faire bouillir le moût, il faut avoir le soin de le passer au travers d'un tamis ou d'un linge pour en séparer les pellicules, les pepins, etc., qui donneraient un goût désagréable au vin.

On s'assure du degré de la température en plongeant un thermomètre dans la cuve.

Il faut éviter que la fumée se rabatte sur le moût quand il est dans la chaudière où on le fait chauffer, car, autrement, il contracterait un goût qu'il serait bien difficile d'enlever; pour éviter cet inconvénient, on place les chaudières dans un massif de maçonnerie (voir *Concentration du moût* au chapitre *Vins du nord*).

Si la température est trop élevée, il faut l'abaisser en remplissant la cuve lentement, en vendangeant le matin et le soir seulement, en mettant la vendange dans un endroit frais avant de l'enfermer dans la cuve; en entourant la cuve de linges mouillés avec de l'eau fraîche;

5º Le moût de raisin pèse au gleucomètre de 6 à 16 degrés Baumé, selon la localité ou la maturité du raisin. A 6 degrés, la fermentation est rapide et le vin est faible, à 16 degrés, elle est lente et le vin est très-fort en alcool. La meilleure densité est de 9 à 11 degrés; de là la nécessité d'élever l'une et d'abaisser l'autre.

On élève la densité du moût en en faisant évaporer une partie à la moitié de son volume, ou en exposant la vendange à l'air et au soleil avant de la mettre dans la cuve; c'est ce que Cadet-de-Vaux nomme la maturité de miellation. On l'abaisse en y mettant de l'eau; mais dans ce cas, il faut laisser le moût à sa plus haute densité, soit 11 ou 12 degrés;

6º Pour éviter le renfoncement du *chapeau*, il faut mettre sur la vendange un faux-fond chargé, pour qu'il plonge dans le liquide : cela fait, on met des planches sur la cuve et on la couvre avec un paillasson qu'on étend sur ces planches pour la fermer le plus hermétiquement possible; par ce moyen, on empêche l'échappement de l'acide carbonique et, par conséquent, on retarde la formation du vinaigre à la surface de la cuvée; d'autre part on soustrait le vin et la râfle à l'action de l'air qui produit l'acidification;

7º La fermentation dure de 5 à 15 jours, selon la température. En suivant le mode que nous venons d'indiquer, elle sera terminée en 6 ou 7 jours au plus. On peut néanmoins laisser le vin sans décuver pendant trois semaines, si l'on ne craint pas qu'il prenne le goût de la râfle, goût qui du reste disparaît après un soutirage et un collage;

8° L'instant de décuver est lorsque le moût ne marque plus que 1 degré Baumé, ou environ 12 à 15 heures après; car, alors, il est presque descendu à zéro; et s'il reste encore un peu de sucre, la fermentation qui se produit ou se continue dans le fût en achève la transformation en alcool.

Chaptal a conseillé d'augmenter la densité du moût avec du sucre; malgré tout ce qu'en a dit ce savant, nous croyons qu'il est préférable d'agir comme nous l'avons indiqué, surtout dans les années où le vin est abondant et les futailles à un prix élevé. Nous réservons le sucrage pour la refermentation, au besoin; par ce moyen, nous avons un vin premier qui est parfaitement pur et un vin second aussi bon que le premier le serait avec le sucrage.

Cependant, quand le raisin ne mûrit pas, comme en 1860 et 1866, par exemple, il est presque indispensable de recourir au sucrage; mais il faut en user avec ménagement.

Sucrage du moût

Certaines années, où le raisin n'est qu'à l'état de verjus ou même à moitié mûr, il devient indispensable de sucrer le moût, parce que l'évaporation serait trop coûteuse et insuffisante. Trop coûteuse, parce que le moût ne pesant que 4 degrés et demi à 5 degrés Baumé, il faudrait le réduire de moitié au moins, ce qui entraînerait des frais considérables et du temps qu'il n'est pas au pouvoir du vigneron de consacrer à ce travail. Insuffisante, parce que le vin serait tout aussi acide que si on n'eût pas évaporé le moût; puisque les principes constituants du vin se retrouvent intacts, l'évaporation n'enlevant que l'eau, et nullement l'acide.

La première édition de cet ouvrage était sous presse lors des vendanges de 1860, ce qui nous empêcha de consigner les observations que nous fîmes ultérieurement et que nous publiâmes, à cette époque, dans un journal spécial. Nous allons donc reproduire ici la substance de ces articles avec les corrections que la pratique nous a révélées.

On a beaucoup discuté sur la question de savoir quelle est la meilleure matière sucrée propre à être ajoutée au moût de raisin. Nous donnons la préférence au sucre brut, et à défaut par économie, au sirop de fécule à 36 ou 40° liquide.

Pesez le moût et s'il n'est que de 5° comme dans le nord, en 1860, au lieu de 8°, calculez ce qui manque à la masse que vous voulez travailler. Pour cela, multipliez le degré ordinaire 8 par 100 litres, ce qui vous donnera 800°. Multipliez, ensuite, le degré réel du moût 5° par 100, ce qui vous donnera 500°; établissez la différence et vous trouverez qu'il manque 300 degrés à votre moût.

Un kilo de sucre brut équivaut à 43 degrés environ, c'est donc 7 kilos de sucre à ajouter, soit, pour 30 hectolitres, 210 kilos.

Chauffez un hectolitre de moût, et quand il sera prêt à bouillir, mettez-y 70 kilos de sucre; aussitôt qu'il sera dissous, distribuez ce sirop sur une couche de vendange d'environ 50 à 60 centimètres d'épaisseur et mélangez. Remettez une couche de vendange et 70 kilos de sucre traités comme la première fois, et ainsi de suite jusqu'à trois fois. Enfoncez la cuve de manière que le moût surnage de quelques centimètres, et bouchez-la. Entretenez la température du local où vous faites le vin, à l'aide d'un poêle, s'il en est besoin, à 18 ou 20 degrés pendant quatre ou cinq jours, et abandonnez votre cuve, après l'avoir *enfoncée* (bouchée), à elle-même pendant deux ou trois semaines, puis soutirez votre vin.

Si vous employez du sirop de fécule à 36 ou 40 degrés, faites le même calcul que ci-dessus pour connaître la quantité à ajouter ; cela fait, chauffez le moût, ajoutez-y votre sirop à plusieurs reprises comme il vient d'être dit.

Nous avons vu recommander le sirop massé (*glucose massé*) pour le sucrage des moûts ; il faut n'avoir aucune idée théorique et pratique en œnologie pour donner de semblables conseils. Les sirops massés sont tout au plus propres à faire de la médiocre bière. Ils produisent une mauvaise fermentation, donnent une amertume et un goût *sui generis* des plus désagréables. D'autre part, comme ces sirops contiennent une matière semi-gommeuse, les vins résultant de ce travail sont louches et difficiles à clarifier ; puis, comme la gomme non décomposée est un aliment permanent de fermentation, et qu'elle s'oppose à la clarification, ces vins tournent à l'aigre aussitôt qu'ils sont exposés à une manipulation quelconque en temps douteux ou chaud.

Comme on le voit, ce procédé est bien une amélioration réelle et sérieuse, et il est très-avouable. Il y a loin de là aux systèmes préconisés par certains écrivains, et dans lesquels l'emploi de l'eau est recommandé pour opérer la dissolution du sucre, de telle sorte que la masse du vin en est augmentée; tandis que d'après notre méthode, elle est diminuée. — Toutefois, nous devons dire que nous ne voyons aucun inconvénient à ce qu'elle reste la même, c'est-à-dire que l'évaporation ne dépasse pas le volume du sucre et du sirop ajouté.

On peut s'assurer, quelque temps à l'avance, de la quantité de sucre contenue dans le moût, en écrasant quelques grappes que l'on pressure à la main; mais il faut les choisir d'une maturité et d'un cépage identiques à celui qui doit fournir le moût sur lequel on se propose d'opérer.

On doit calculer que 1,500 grammes de sucre raffiné produisent, dans un hectolitre de moût, 750 grammes d'alcool pur, et en volume 95 centilitres, soit 1 litre 90 centilitres d'eau-de-vie à 50° par hectolitre, ou 1 centilitre 90 centièmes par litre de vin.

Un litre de sirop de sucre raffiné, à 40°, un litre de sirop de sucre brut (bonne quatrième) à 36 degrés et demi, à la température de 15° centigrades, contiennent un kilo de sucre. Il sera donc facile, d'après ces données, de faire des conversions de sucre en sirop et de sirop en sucre.

Le docteur Gall, de Trèves, est l'inventeur d'une méthode par laquelle le sucrage du moût est destiné à la fois à *améliorer* le vin et à en augmenter la quantité.

Cette méthode a pour base ce principe, que lorsque le raisin n'a pas acquis sa maturité, le ferment et l'acide sont dominants, tandis que le sucre fait défaut. — Pour que le vin soit bon, il faut que l'eau, le sucre et l'acide soient en harmonie dans le moût, c'est-à-dire dans des conditions satisfaisantes; hors de là, le vin qui en résulte pèche par un excès quelconque, soit d'alcool, d'eau ou d'acide. On n'a jamais à corriger l'excès de sucre, ou très-rarement, et dans le midi seulement ; mais, en revanche, on a souvent à détruire l'excès d'acide. Le docteur Gall y parvient en ajoutant de l'eau et du sucre. Nous n'admettons pas l'addition de l'eau, si ce n'est pour faire des boissons à l'usage du pauvre. Nous l'avons dit, nous tolérons le sucrage comme correctif ; mais non comme moyen de production.

Il n'est pas sans intérêt de connaître les quantités respectives d'eau, de sucre et d'acide, que l'on rencontre dans les moûts de raisin.

Un moût de première qualité, analysé par le docteur Gall, et provenant de Riesslings, contenait, sur 1,000 kilos.

Sucre. . . . .   240 kil.
Acide. . . . .   6 kil. 500
Eau et autres substances. . . .   753 kil. 500
                                    ____
                                      1,000 kilog.

Un autre moût, provenant d'une vendange du Hainaut, le 4 novembre 1853, renfermait :

Sucre. . . . .   16.2 pour cent.
Acide. . . . .   9.2 pour mille.

Ce moût contenait donc, dans 1,000 kilogrammes :

Sucre. . . . .   162.0 kilog.
Acide. 9.2
Eau, etc. 828.8

Soit, environ 3 pour cent d'acide de trop, comparativement au premier.

Il résulte des expériences que nous avons faites pour la désacidification des vins d'Argenteuil en 1860, qu'ils contenaient (nous n'avons pas tenu compte des fractions) par 1,000 kilos de moût :

Sucre.	123 kilog.
Acide.	17
Eau.	860
	1,000 kilog.

On peut juger du degré d'acidité de ces vins et de l'effet qu'ils produisaient sur l'économie animale. Un grand nombre de personnes, des vignerons très-robustes, habitués à boire des vins nouveaux, ont été obligés d'en cesser l'usage : il leur causait des coliques, des indigestions, des vomissements, enfin, tous les symptômes de l'empoisonnement.

Dans toutes nos expériences, un litre de vin a constamment exigé de 3 grammes 80, 85, 90 à 4 grammes de sels alcalins pour la saturation.

En 1866, le résultat était presque le même.

Refermentation

Parfois, la refermentation pourrait bien ne pas présenter d'avantages ; par exemple, quand le vin est mauvais, abondant, de peu de garde, d'un prix très-bas et la futaille à un prix exorbitant ; mais dans toute autre circonstance, elle offre de grands avantages ; car elle permet de doubler en quelque sorte la récolte.

Pour opérer la refermentation, il faut procéder comme il suit :

Au marc qui a produit 10 hectolitres de vin, ajoutez :

Eau chauffée à 50 degrés. . . .	5 hectolitres.
Eau froide.	5 hectolitres.
Sucre, quantité suffisante pour que l'eau marque.	8 deg. Baumé.
Tartre brut ou ferment.	5 kilog.

On peut employer pour ferment des vrilles, des feuilles fraiches et des jeunes pousses de vigne.

On délaie du sirop de fécule blanc dans la masse réduite alors à 24 ou 36 degrés. On verse ce moût sur le marc qu'on a replacé dans la cuve, après le pressurage qu'on n'a fait qu'incomplétement, et on brasse le tout pour mélanger ; puis, on ajoute le ferment après l'avoir délayé dans 10 ou 12 litres du moût, on le verse dans la cuve, on brasse de nouveau jusqu'à ce que la température soit abaissée à 25 degrés, et on opère comme pour la vendange ordinaire, mais en laissant cuver environ 15 jours, cuve fermée.

Si l'on tient plus à la quantité qu'à la qualité, on peut doubler la dose d'eau et de sucre, et tripler celle de ferment ; mais en opérant à deux fois.

Le vin que l'on obtient ainsi n'est pas désagréable, il peut même être assez bon si on le soigne et qu'on le clarifie convenablement ; mais il n'est pas permis de vendre ces vins comme des mères-gouttes : la loyauté commerciale et la loi s'y opposent. Dans des années de disette, une pratique de ce genre est utile et d'un intérêt général.

Ces vins sont parfois longtemps à se clarifier

et ils manquent nécessairement de couleur. On les clarifie avec la poudre anglaise et on les colore avec de la *teinte bordelaise* (*Voir aux produits œnologiques*), car la couleur flatte l'œil, et, d'ailleurs, la teinte augmente la saveur du vin.

Conservation du vin

L'usage presque général est de conserver le vin dans de petits fûts de 120 à 300 litres, excepté dans le midi où on le loge dans des pipes de 5 à 600 litres et dans des foudres.

Les vins faibles gagnent à être logés dans de grands fûts, ils se conservent mieux. Les vins forts, au contraire, sont mieux logés dans de petits fûts ; ils y vieillissent plus rapidement; c'est l'inverse qui est pratiqué comme nous venons de le dire.

La conservation du vin dans de grands fûts est préférable au point de vue de l'économie et de la qualité. Au point de vue de l'économie, parce que plus le fût est petit, plus la surface est grande, et plus par conséquent, il y a d'évaporation. La surface d'une barrique de 228 litres est d'environ 2 mètres, tandis qu'elle n'est que d'un tiers de mètre dans les foudres de grande dimension par chaque fraction de 228 litres ; cela parce que les surfaces ne croissent pas en raison des capacités. Au point de vue de la qualité, parce que la combinaison est plus intime, le bouquet plus parfait, la force alcoolique plus grande.

Quelle que soit la capacité des fûts dont on se sert, il faut :

1º Que le vin y soit logé après un bon soutirage ;

2° Que le fût soit entièrement plein et hermétiquement fermé ;

3° Que la température soit constamment la même, ou tout au moins peu variable, ni trop sèche, ni trop humide ;

4° Que la cave soit saine et éloignée des rues fréquentées par les voitures, à l'abri du soleil, des eaux, des matières fermentescibles et des gaz ou miasmes de toute nature.

Tout vin peut être employé au remplissage des fûts quand il s'agit de vins d'Argenteuil ou de Suresnes ; mais il n'en est pas de même quand ce sont des vins fins, ou même de bons ordinaires : il faut alors employer les mêmes vins et du même âge.

Pour remplir (*ouiller*) les tonneaux, on doit se servir d'un entonnoir à pomme, plongeant d'au moins 30 centimètres dans le vin ; on verse alors doucement le liquide, afin que s'il y a des fleurs (champignons blancs) elles puissent sortir par par la bonde. A cet effet, on frappe légèrement sur le fût avec un morceau de bois pour que le dégagement et le départ des bulles d'air entraînent avec elles les corps surnageant sur le liquide.

On doit soutirer les vins tous les ans, avant l'équinoxe de printemps par un temps clair et froid. Mais, les vins durs devront l'être une fois en janvier et une fois en mars. Certains vins faibles ne doivent être collés qu'une seule fois avant la consommation ou la mise en bouteilles. Cette exception est très-rare ; les vins qui ne peuvent supporter deux ou trois colles sont de peu de garde et destinés à être consommés dès la première année, tels sont, par exemple, les petits vins des environs de Paris.

Quelle que soit la nature du vin, il est indispensable qu'il soit limpide, car le défaut de transparence est l'indice d'une fermentation sourde, qui détermine une maladie dans un espace de temps plus ou moins rapproché.

CLARIFICATION DES VINS

Théorie de la clarification. — Substances propres à clarifier. — Clarification des vins nouveaux. — Des vins vieux.

Théorie de la clarification

La colle agit *chimiquement et mécaniquement*. Chimiquement, en se combinant avec les substances en suspension ou en dissolution dans le vin, et en neutralisant leur action qui tend à la fermentation. Mécaniquement, en s'attachant aux particules suspendues dans le liquide et en les entraînant avec elle au fond du tonneau. On voit donc que le collage concourt essentiellement à la conservation du vin. Il n'a aucune action sur l'alcool qui reste intact après comme auparavant, il n'en diminue pas la quantité comme bon nombre de personnes le croient.

Substances propres à la clarification

On clarifie avec les œufs, la gélatine, la colle de poisson, le sang, la poudre œnologique. Chacun a son moyen de clarification, adopté souvent sans connaissance de cause et par la seule raison qu'il semble plus économique. Il ne suffit pas de clarifier, il faut encore le faire sans détériorer le liquide, sans attaquer ni la couleur, ni le bouquet du vin, sans lui enlever aucun des principes utiles à sa conservation ; enfin, sans faire un trop grand déchet.

Nous rejetons les œufs, parce qu'un œuf gâté

peut infecter une pièce de vin ; parce qu'ils font une trop grande quantité de lie et qu'ils n'agissent pas toujours avec assez d'énergie, et que leur action n'est pas toujours certaine.

Nous rejetons toutes les gélatines, sans exception, pour tous les vins qui ne sont pas trop colorés, parce qu'elles précipitent le tannin du vin et qu'elles font trop de lie. A plus forte raison, ces gélatines infectes du commerce qui empoisonnent le vin d'une odeur de putréfaction cadavérique.

Nous rejetons la colle de poisson par la même raison que nous rejetons la gélatine. Nous rejetons le sang, parce qu'il nous répugne de boire une solution de ce liquide albumineux qui contient des sels et une eau animale qui s'identifie au vin.

Nous avons adopté pour nous la *poudre anglaise*, la *poudre des vins du midi*, etc., dont nous recommandons l'usage, parce que les effets en sont prompts, sûrs et économiques. A l'exposition de Saint-Dizier, elles ont été honorées de la seule récompense qui ait été accordée aux produits œnologiques. Nous les préférons aux œufs, à la gélatine, etc., parce qu'elles ont des avantages incontestables sur eux :

1º Elles produisent une lie plus épaisse, plus compacte, plus lourde et moins volumineuse ;

2º La lie qu'elles produisent ne remonte pas dans le vin ;

3º Leur effet est persistant, c'est-à-dire qu'un vin collé et clarifié par elles, qui serait remué et troublé après clarification, se recolle et se clarifie à nouveau sans qu'il soit besoin d'y ajouter une nouvelle dose de poudre ou de recourir à un nouveau collage ;

4º Le vin ainsi collé n'a pas besoin d'être soutiré de suite ; il peut, au besoin, rester six mois sur cette colle.

Tous ces avantages ont été constatés, appréciés et ont motivé la récompense décernée à ces poudres, ainsi qu'à celles servant à la clarification des eaux-de-vie, etc., dont nous n'avons pas à nous occuper ici.

Clarification des vins nouveaux

Nous diviserons les vins nouveaux en trois classes : les vins ordinaires provenant d'une vendange mûre, les vins d'une maturité médiocre et les vins provenant d'une récolte extrêmement mauvaise, comme celles de 1860 et de 1866.

Pour les vins nouveaux fins et ordinaires de tous pays, on peut employer le mode suivant :

```
Vin nouveau . . . . . . . . . .   230 litres.
Poudre anglaise. . . . . . . . .   30 gram.
```

Délayez la poudre en versant dessus un peu d'eau froide, pour en faire d'abord une pâte épaisse que vous convertirez en bouillie, puis en bouillie très-claire, en continuant de verser de l'eau ou du vin jusqu'à concurrence d'un litre ; cela fait, fouettez avec un balai d'osier jusqu'à ce qu'elle soit bien dissoute et que le tout ne forme plus que de la mousse. Versez alors dans le fût, fouettez et laissez en repos.

Il faut autant que possible employer la poudre spéciale à chaque vin, c'est-à-dire pour les vins de Bourgogne, la *poudre des vins de Bourgogne ;* pour ceux de Bordeaux, la *poudre des vins de Bordeaux*, et ainsi de suite. Néanmoins, on peut employer la *poudre anglaise* pour coller tous les vins sans distinction, si l'on n'en a pas d'autre à sa disposition.

Pour les vins des années moyennes, il faut recourir à la formule suivante. Pour les vins du nord et du centre :

Vin nouveau. . . . .   230 litres.
Sel gris. . . . .   80 gram.
Poudre anglaise. . . . .   30 gram.

Faites fondre le sel dans un peu d'eau, puis délayez la poudre comme il est dit ci-dessus, et opérez de la même manière.

Si le vin est très-dur, il faut opérer comme ceci :

Vin nouveau. . . . .   228 litres.
Désacidifieur. . . . .   150 gram.
Sel. . . . .   125 gram.
Poudre anglaise. . . . .   30 gram.

On désacidifie (voir l'article *Désacidification*), puis on colle comme ci-dessus.

Pour les vins verts de tous pays, entièrement mauvais, par suite de la non-maturité du raisin, comme ceux de la récolte de 1860, il faut les désacidifier (voir l'article *Désacidification*), puis les soumettre à l'action des agents qui suivent :

Vin nouveau désacidifié. . . . .   228 litres
Sel gris. . . . .   100 gram.
Poudre anglaise . . . .   30 gram.

Opérez comme il est dit plus haut.

Pour les vins très-faibles, prenez :

```
Vin nouveau désacidifié......    228 litres.
Sel gris...................    100 gram.
Poudre anglaise............     35 gram.
Alcool.....................      1 litre.
```

Pour les vins de pineau qui donnent un peu d'espoir de se conserver, on peut les traiter comme il suit, pour leur donner un peu de force et de bouquet :

```
Vin désacidifié............    228 litres
Cognac ou eau-de-vie vieille.    2 litres.
Bouquet de Pomard ou séve
        de Beaune............     1 flacon.
Poudre anglaise............     30 gram.
```

Collez comme d'usage, ajoutez le bouqet et le cognac, puis fouettez et laissez reposer.

Si l'on opère sur des vins du midi, des vins de Bordeaux, il faut agir comme suit :

```
Vin nouveau................    228 litres
Poudre anglaise............     35 gram.
Sel gris...................    100 gram.
```

Pour les vins épais et colorés, on peut employer la formule que voici :

```
Vin .......................    228 litres.
Sel gris...................    100 gram.
Gélatine...................     30 gram.
```

On fait dissoudre la gélatine dans de l'eau tiède puis on y ajoute le sel, et on colle comme d'usage.

Quelques personnes font dissoudre du sucre dans de l'eau et l'ajoutent au vin ; cette opération est très-mauvaise, en ce que le sucre ne peut rester en suspension longtemps, sans subir l'action du ferment. La fermentation s'établie donc aussitôt et décompose le sucre pour le l'nvertir soit en alcool, soit en vinaigre, selon l'état où se trouve le liquide. On ne doit donc jamais ajouter de sucre à du vin fait, à plus forte raison du sirop de glucose ou de fécule.

Les vins gagnent beaucoup, soit pour leur bouquet, soit pour leur conservation, si on y ajoute, au moment du collage, un bouquet de Pomard, ou une séve de Beaune, ou un bouquet œnanthique du midi. Ils se soutiennent mieux dans les voyages, sont plus agréables à boire en raison du parfum qu'ils contractent; ils s'éclaircissent mieux et déposent moins: c'est là une vérité qu'il est bon de signaler. Nous appelons sur ces faits l'attention des viticulteurs et des négociants, afin qu'ils puissent les constater, quelque inexplicables qu'ils paraissent à ceux qui ne les ont pas étudiés.

Clarification des vins vieux

Pour obtenir une bonne clarification des vins vieux, il faut procéder de la manière suivante et se bien garder d'employer la gélatine, qui affaiblit le vin, le décolore et y introduit un principe permanent d'infection et de décomposition.

Vin vieux. . . . . 228 litres.
Bouquet de Pomard. . . . . . 1 flacon.
Poudre anglaise. . . . . 25 gram.

Opérez comme ci-dessus, ajoutez le bouquet, fouettez de nouveau, et bondez.

Il est convenu que l'on emploie de préférence la poudre spéciale à chaque vin, ainsi que le bouquet qui y correspond.

S'il s'agissait de bon vin, ou de vin de pineau de Bourgogne ou de Bordeaux, il faudrait faire ce qui suit :

```
Vin vieux . . . . . . . . . . . . . . . . 228 litres.
Bouquet de Pomard ou de Bordeaux.    1 flacon.
Poudre anglaise . . . . . . . . . . .  30 gram.
Alcool de vin . . . . . . . . . . . . .   1 litre.
```

Opérez comme d'usage.

Pour du vin vieux, fin, mais un peu faible, on agirait de même en remplaçant l'alcool par deux litres de cognac.

Amélioration

On améliore les vins de cent manières, par des soins journaliers à toute époque de leur existence et par une foule de procédés plus ou moins connus. Les principaux sont ceux qui consistent dans l'art de les faire vieillir naturellement ou artificiellement, de développer leur bouquet ou de leur en donner, de pratiquer des coupages de vins hétérogènes. Tous ces moyens sont l'objet de chapitres spéciaux dans cet ouvrage. Celui dont nous voulons parler ici consiste : 1o dans l'amélioration par les bonnes lies ou dépôts de vins vieux ; 2o dans la décomposition des principes qui rendent le vin acide, dur, âpre et astringent, et qui en masquent le bouquet ou l'arôme ; 3o dans la correction des vices naturels.

L'amélioration par les lies et dépôts n'est pas nouvelle, elle date de plusieurs siècles ; c'est pourquoi elle est oubliée. Tous les jours on jette des dépôts, des lies et fonds de bouteilles résultant du soutirage et du dépotage des vins vieux, sans se douter des qualités merveilleuses qu'ils possèdent; on ignore qu'un décilitre de ces dépôts suffit pour donner à plusieurs litres de vin un bouquet fin comme l'ambre et parfumé comme la rose, à produire une transparence égale à celle du cristal.

Les Romains conservaient avec un soin minutieux, et comme choses précieuses, les lies de vins fins et vieux, les dépôts et jusqu'aux vases qui les avaient contenus. Ils savaient que le vin qu'on remet dans ces vases et sur ces dépôts contracte très-rapidement le goût et le parfum de celui qui en est sorti. Le temps qui modifie ou détruit tout, a, par des raisons faciles à apprécier, fait perdre et oublier cet usage.

Pour nous, un dépôt de vin vieux a un prix inestimable. Bien souvent nous avons eu l'occasion d'en faire l'expérience, et toujours le résultat a été couronné de succès.

En 1848, le hasard fit tomber entre nos mains une petite barrique (100 litres) de vin de Roussillon qui était restée dix à douze ans en transit, dans une maison de roulage où elle avait été soigneusement conservée, mais sans remplissage. Ce vin avait perdu toute sa couleur, il était devenu jaune comme de la bière, et un dépôt considérable s'était formé. Le fût vide, nous avons rempli sur le dépôt, nous avons brassé, et après trois ou quatre mois ce vin était excellent. Nous avons employé le dépôt pendant plusieurs années de la même manière, et toujours le vin traité de la sorte se bonifiait rapidement et sensiblement. Ce n'est qu'en 1856 ou 57 que des circonstances imprévues nous privèrent de ce précieux dépôt que nous avons regretté et que nous regrettons encore.

Nous avons opéré sur des lies de bon vin vieux de Beaune, les résultats ont été exactement les mêmes.

Pour opérer en grand, il faudrait employer un appareil spécial, afin d'éviter certains inconvénients, tels que l'évaporation du bouquet et la perte d'une partie du liquide. Il suffirait pour cela d'un appareil fort simple dont voici la description :

Placez plusieurs foudres debout sur leur fond, sur des chantiers élevés de 50 centimètres ; laissez un espace vide de 40 centimètres entre chacun d'eux ; placez un tube au milieu de la hauteur de chaque foudre, et introduisez-le dans le foudre suivant à 40 centimètres du fond, de manière que lorsque le premier fût sera à moitié plein, le liquide s'écoule dans le second, du second dans le troisième, et ainsi de suite jusqu'au dernier.

Pour que tous les fûts soient pleins, on élève le premier de quelques centimètres de plus que les autres, afin que la pression du liquide opère le plein parfait dans toute la série.

On perce un trou de fosset dans le fond supérieur, afin que l'air puisse s'échapper, et on le bouche quand le liquide coule.

Il est inutile d'ajouter que les tubes de conduite doivent être en étain ou en verre recouvert de bois, et que le tout doit être solidement fixé.

Pour éviter la formation des fleurs (champignons blancs) sur la surface du premier fût, on le surmonte d'un tube d'étain de 40 centimètres de long, et on place à son sommet un entonnoir pour faciliter le remplissage. Quand la série est pleine, on remplit le tube jusqu'en haut à 5 centimètres du bord, puis on achève avec le quart d'un verre d'huile d'olive qu'on verse pour remplir de manière que la bonde touche pour ainsi dire au liquide. On empêche ainsi le contact de l'air avec le vin.

Quand on veut tirer du vin, on vide le tube à l'aide d'un robinet qui doit se trouver placé à cet effet à sa base, on met de côté le vin extrait du tube, et on décante pour reprendre l'huile qu'on emploie à tout autre usage.

On visite le tube tous les mois, afin de s'assurer que l'huile n'est pas descendue au-dessous du niveau du robinet de vidange, et on remplit.

Cet appareil présente les avantages suivants :

1° Il prive d'air les vins ; 2° il rend homogène tout une récolte et même des cuvées de vins différents ; 3° il communique aux vins nouveaux (d'un an au moins) le goût, le parfum et les qualités des vins vieux ; 4° il vieillit les vins ; 5° il supprime la mise en bouteilles, attendu qu'on peut embouteiller au moment de la vente et économiser ainsi le prix des vases et les pertes en résultant, sans nuire à la qualité du vin.

On améliore encore les vins en détruisant, avons-nous dit, l'âpreté, la dureté, l'astringence et leurs vices naturels, comme l'excès ou le défaut de coloration, le goût de terroir, etc., etc. Le premier résultat s'obtient en 48 heures, au moyen de l'emploi du *Vieillisseur des vins* (voir *aux produits œnologiques*).

Pour employer ce produit chimique, il faut :

1° Délayer la substance dans un ou deux litres d'eau filtrée ;

2° Verser la solution dans 230 litres de vin e agiter vivement ;

3° 24 heures après, agiter de nouveau et coller à la *Poudre anglaise* ;

4° Soutirer après un mois de repos.

Quant aux vins trop colorés, il faut les coller avec la gélatine anglaise (voir *aux produits œnologiques*), les soutirer dans un fût légèrement méché, et recommencer le collage s'il est besoin. On doit doubler la dose et mettre une tablette au moins la première fois, et les deux tiers ou la moitié la seconde.

Pour coller à la gélatine, il faut : la mettre ramollir pendant 4 heures dans de l'eau froide, puis la soumettre à la chaleur modérée d'un réchaud pour la faire dissoudre, et coller avec cette solution toute chaude. La quantité d'eau est d'un litre environ.

Pour les vins sucrés ou restés doux faute de ferment en suffisante quantité, il faut ou ajouter un peu de cette substance telle que des marcs de groseilles, ou de la groseille, ou pratiquer un coupage avec des petits vins du nord.

Premier procédé, pour une barrique de 230 litres, prenez :

Râfles de groseilles (ou groseilles   4 k. 500.
Vin chaud à 40 degrés........   10 litres

Mélangez et brassez ensemble, versez le tout dans le tonneau, agitez vivement et laissez agir. La fermentation se déclare très-rapidement, et 20 ou 25 jours après, elle est terminée. On doit laisser un peu d'air à la bonde, pour le dégagement du gaz produit.

Deuxième procédé, pour la même quantité de vin, prenez :

Conserves de groseilles ..... 4 litre.
Vin chauffé à 40 degrés...... 10 »

Opérez comme il vient d'être dit.
Troisième procédé, prenez :

Vin sucré. . . . .   10 litres.
Vin dur et vert du nord.   70
Lie fraîche de vin blanc.   4
1 séve de Beaune (*voir aux produits œnologiques*)

Mélangez, puis prenez 20 litres de mélange, faites chauffer à 60 dégrés, jetez dans le fût et ajoutez la séve de Béaune.

Il arrive très-souvent que les vins sont faibles, faute que le raisin soit parvenu à une maturité complète. Dans ce cas, ils sont de peu de garde, désagréables à boire, relâchants ou excitants. On y remédie par le procédé suivant :

Pour 230 litres de vin vert et nouveau, prenez :

Eau . . . .   1 litre.
3/6 Montpellier . . . .   2 litres.
Vieillisseur . . . .   1 dose.
Séve de Beaune ou Pomard. . . . .   1 flacon.
Poudre anglaise . . . .   25 gram.

Délayez le vieillisseur dans l'eau, ajoutez le 3/6, versez dans le fût et agitez vivement. Recommencez d'agiter le lendemain et collez à la poudre anglaise. Soutirez et ajoutez la séve de Beaune ou le Pomard.

Si le vin contient beaucoup de tannin et qu'il soit très-coloré, c'est-à-dire s'il sagit de gros vins de Bordeaux, modifiez la formule comme suit :

Prenez, pour une barrique de 230 litres :

1 vieilliseur (*voir aux produits œnologiques*).
3/6 Montpellier, 4 litres.

1 séve de Médoc ou *extrait de Bordeaux*.
40 grammes gélatine anglaise.

Opérez avec le *vieillisseur* comme il vient d'être dit pour les vins verts; collez et ajoutez en même temps le 3/6; après clarification, soutirez et bondez hermétiquement.

Les vins trop forts se coupent avec les vins faibles, ou on les passe sur des lies de vins vieux. L'appareil dont nous avons parlé plus haut serait d'une grande utilité pour ces sortes de vins. On trouve aussi une grande amélioration en les traitant comme il suit:

Pour une barrique de 230 litres, prenez :

1 vieillisseur (*voir aux produits œnologiques*).
1 Pomard.   do

Opérez comme ci-dessus.

Remarque. — Comme le degré d'acidité et d'astringence varie et ne peut être prévu à l'avance, souvent il faut doubler la dose de *vieillisseur*.

Collez à la gélatine et employez le Pomard après le soutirage qui suit le traitement au *vieillisseur*.

Les vins de certains crûs ont un goût de terroir plus ou moins prononcé et désagréable. Quand ce goût est très-faible, il suffit de coller une fois fortement (à double dose) avec la *poudre anglaise*; mais si le goût est infect, il faut recourir au traitement suivant.

Pour 230 litres de vin du midi ou tout vin fort, prenez :

1 Pomard (*voir aux produits œnologiques*).
1 paquet poudre nº 4.   do

Collez avec le paquet de poudre, soutirez dans un fût méché après la clarification, ajoutez le Pomard et bondez hermétiquement.

Pour les vins de Bourgogne et du centre de la France, prenez :

1 séve de Beaune (*voir aux produits œnologiques*).
1 paquet poudre nº 4.   do

Opérez comme ci-dessus.
Pour les petits vins et les vins du nord, prenez:

1 extrait de Bordeaux (*voir aux produits œnolo-giques*).
1 paquet poudre nº 4.   do

Opérez comme ci-dessus.

Pour tous on peut, en outre, ajouter un demi Rancio *des vins* (voir *aux produits œnologiques*), si le vin a une certaine valeur.

En suivant ces prescriptions, on arrive facilement à rendre ces vins très-potables, surtout si on se donne la peine d'opérer convenablement ; car hors de là nous ne garantissons plus les résultats. Ces sortes d'opérations demandent de l'intelligence et de la précision dans l'application des moyens.

S'il s'agit de vins très-durs, acides, provenant d'une vendange mal mûrie, il faut recourir à la *désacidification*, comme nous l'indiquons plus loin.

DU MÉLANGE DES VINS

Loi sur les mélanges. — Sur les colorations. — Effets et but des mélanges. — Théorie des mélanges. — Formules des mélanges pratiqués ou à pratiquer. — Observations.

L'usage de mélanger les vins remonte bien haut, et cependant les opinions les plus diverses sont répandues sur son utilité et sa sincérité. Depuis quelques années, il s'est fait un grand bruit sur cette matière, en raison des poursuites qui ont eu lieu à son égard ; aussi, allons-nous essayer d'élucider et de simplifier cette question.

Loi du 5 mai 1855

En droit, la loi et la jurisprudence permettent les mélanges ; l'exposé des motifs et le rapport de la loi du 5 mai 1855, sur les fraudes en matière de boissons, en justifient l'emploi.

« Il n'est pas dans la pensée du gouvernement, dit l'exposé des motifs, d'entraver les opérations usitées dans le commerce, qui consistent soit à couper les vins de diverses provenances et de diverses qualités, pour les améliorer, pour les conserver, ou même pour donner satisfaction au goût du public ou au besoin du bon marché ; soit, suivant l'expression usitée dans ce genre de commerce, à *travailler* les vins conformément à des procédés fort divers, les uns très-anciens, les autres indiqués par la science moderne, comme ceux de Chaptal et d'autres ; soit à imiter par diverses combinaisons, les vins étrangers. »

Suivant le rapporteur de la loi, les mélanges ou coupages que réclament la conservation, la guérison, la clarification de la boisson, son appropriation au commerce ; ceux que justifient les habitudes locales reconnues, ou que la science enseigne, repoussent toute suspicion,

« Il y a, dit-il, des fictions pour ainsi dire convenues, et de faux titres de noblesse admis dans la circulation. Tous les cidres, à Paris, sont des cidres de Normandie. Ce qui importe à la loi acuelle, c'est d'assurer, autant que possible, que les cidres soient purs et sains. »

Ce que réclame seulement la justice, c'est que les mélanges soient loyalement faits, franchement accusés par le commerçant, ou connus de l'acheteur.

Des poursuites ont été exercées contre les marchands qui font des mélanges; les tribunaux et le jury les ont acquittés toutes les fois que les mélanges étaient bien faits; c'est-à-dire sans l'adjonction de matières nuisibles.

Ce qu'on a fait pour le vin, on a voulu le faire pour les eaux-de-vie coupées ou mélangées de 3/6 d'industrie ou autres; ces tentatives ont abouti au même résultat : partout et toujours, on a respecté la loi précitée.

Si l'on s'était borné encore aux mélanges; mais on a attaqué la coloration, même la coloration des eaux-de-vie et des 3/6 avec le caramel. Les tribunaux ont déclaré que l'usage devait prévaloir, et que colorer des eaux-de-vie ou des coupages avec du caramel était chose utile, marchande et loyale.

Seule, la coloration du vin pourrait laisser quelque doute. On verra plus loin notre avis à ce sujet.

But et effets du mélange des vins.

Lenoir a dit, et nous sommes heureux de nous appuyer de son opinion : « Le coupage des vins a, en général, pour but de compenser des défauts et des qualités contraires. Ainsi, on mélange des vins noirs avec des vins trop peu colorés, ou avec des vins blancs; des vins légers et de peu de garde avec des vins corsés qui assurent leur conservation ; des vins très-alcooliques, mais lourds et pâteux, avec des vins vifs et légers, etc. »

« Ces mélanges, l'orsqu'ils sont bien assortis et faits dans des proportions, produisent toujours des vins meilleurs que chacun de ceux qui ont servi a les composer. Ces vins sont aussi salubres que ceux dits *naturels* de même classe; et souvent ils sont plus agréables. »

Thiébaut de Berneaud, qui est d'une grande susceptibilité pour tout ce qui touche au travail des vins (1), dit cependant : « Souvent un vin pur conserve un goût de terroir, une verdeur qui attaque le palais; ou bien sa couleur trop foncée le rend désagréable ; ajoutez-y du vin blanc d'un crû inférieur, mais franc de goût et bien fondu, vous en ferez une liqueur excellente. »

Le vin d'une mauvaise année se mêle avec celui d'une récolte de bonne qualité. Quand on a des vins blancs dont la couleur se tache et tourne au jaune, on les passe sur des vins rouges très-colorés; ceux-ci deviennent plus agréables à boire et paraissent plus vieux.

1. *Manuel du Vigneron français*, ou l'art de cultiver la Vigne, de faire les Vins, les Eaux-de-vie et Vinaigres, par M. Thiébaut de Berneaud, 1 vol. avec atlas, fig. noires. 3 fr. 50
Le même ouvrage, fig. coloriées.   5 fr.
Cet ouvrage fait partie de l'*Encyclopédie-Roret*.

Laudier a écrit dans le *Manuel du marchand de vins* (1) : « Les mélanges les plus habituels sont ceux des vins blancs avec les rouges, lorsque ceux-ci sont trop riches en couleur, ou que les autres ont une teinte jaune. Il n'y a certainement pas de falsification coupable dans ces procédés.

» On mélange aussi des vins très-estimés et de bon goût lorsqu'ils manquent de spiritueux ou d'autres qualités pour se conserver longtemps ou se transporter par mer.

» Enfin, le résultat de ces mélanges est : 1° de faire boire plus facilement des vins qui ne sont point agréables quand ils sont purs; 2° de conserver et de bonifier des vins qui ont des maladies; 3° de diminuer le prix des vins coupés et de les mettre ainsi à la portée de tous les consommateurs. »

Jullien, dont l'autorité ne saurait être méconnue, a dit : « Le marchand ou le propriétaire ne sont pas répréhensibles pour avoir mêlé des vins de différentes qualités lorsqu'ils les vendent pour tels... Un vin sans mélange, même des meilleurs crûs, conserve, pendant un certain temps, le goût de son terroir, et une verdeur qui attaque le palais; il est moins agréable qu'un vin coupé qui serait moins cher... Il y a beaucoup d'autres circonstances dans lesquelles le mélange devient nécessaire et contribue à l'amélioration des vins. »

L'utilité des mélanges ne saurait être contestée que par des ignorants ou des gens de mauvaise foi. La loi les autorise, cela seul aurait dû suffire pour les faire considérer comme né-

---

1. *Manuel du Marchand de Vins*, débitants de Boissons et du Jaugeage, par M. LAUDIER. 1 vol. avec planches. 3 fr. 50. Cet ouvrage fait partie de l'*Encyclopédie-Roret*.

cessaires; si nous avons insisté par les citations ci-dessus, c'est pour ôter tout prétexte aux incrédules, et les convaincre si cela est possible.

Théorie des coupages

1° Il existe dans tous les vins, ou du sucre qui n'est pas décomposé, comme dans les vins du midi, ou du ferment, comme dans les vins du nord. Or, comme les coupages se font très-souvent avec des vins du nord et des vins du midi, il en résulte qu'une fermentation sourde se déclare et modifie les éléments du mélange pour produire un composé nouveau ayant peu d'analogie avec l'un ou l'autre des vins employés. Si le coupage a été convenablement fait, les saveurs se sont combinées, les bouquets et les séves ont disparu et fait place à une sève unique et à un bouquet spécial;

2° Si l'on fait une addition de sucre à un coupage, la fermentation en est activée, parce qu'elle fournit un élément en plus grande abondance à l'action décomposante du ferment. La fermentation peut même devenir tumultueuse au point de faire épancher le liquide hors des tonneaux;

3° L'addition d'alcool et de sucre à un coupage ne change rien à la fermentation, qui se produit comme s'il n'y avait pas d'alcool; mais l'alcool se trouve combiné au vin d'une manière bien plus parfaite que s'il eut été introduit après la fermentation;

4° Deux vins du même pays, de la même vigne, mais fermentés séparément, ne sont pas identiquement semblables et ne contiennent pas exactement les mêmes principes et dans les mêmes proportions, un mois après leur décuvage; de telle sorte que, malgré leur identité, il y a encore une fermentation sourde si on les mélange ensemble; à plus forte raison s'il s'agit de vins d'une récolte et d'un pays différents;

5° Si l'on ajoute au mélange des substances susceptibles d'être assimilées dans l'acte de la fermentation, elles communiquent leur odeur et leur saveur au mélange;

6° Le vin muet excite la fermentation à un haut degré (nous donnons plus loin la manière de le préparer);

7° Les coupages faits dans de simples tonneaux sont toujours inférieurs à ceux faits en grandes quantités dans des cuves ou des foudres, parce que la fermentation ne se développe qu'incomplétement sur de faibles quantités, en raison de ce que le mélange est plus exposé à l'action de l'air et de la température;

8° Quand on mélange plusieurs vins et qu'on les déguste de suite, on retrouve le goût de chacun d'eux; mais, après quelque temps, le mélange devient homogène et on ne perçoit plus qu'une seule saveur, parce que les éléments se sont combinés et ne forment plus qu'un tout identique, surtout si le coupage a été fait dans de bonnes proportions.

Il résulte donc qu'en appliquant la théorie qui précède, on doit obtenir les résultats suivants :

1° En mélangeant du vin du midi avec du vin du nord, il se manifeste dans le mélange une fermentation qui produit un nouveau vin, qui participe des qualités et des défauts de chacun de ceux qui composent le coupage et dans des proportions relatives, mais dont le caractère est bien différent de l'un ou de l'autre des vins, pris séparément;

2° En ajoutant du sucre et du ferment, on active la fermentation;

3° Une addition d'alcool n'arrête pas la fermentation, qui détermine la combinaison intime de cet alcool avec le mélange (cependant, si cette addition dépassait 10 pour cent, la fermentation pourrait être suspendue ou arrêtée);

4° Quelle que puisse être l'identité de deux vins, s'ils ne sont pas de la même cuvée, il y aura une réaction de l'un sur l'autre après le mélange, et, bien que la fermentation ne soit pas sensible, l'effet n'en existera pas moins après quelque temps;

5° Si l'on ajoute des substances aromatiques au mélange, l'acte de la fermentation en combine les arômes et les saveurs avec ceux du coupage. Par exemple, si l'on met des préparations œnologiques, telles que le bouquet de Pomard, la séve de Beaune, etc., ils s'incorporent et s'identifient entièrement au vin, et deviennent en quelque sorte des bouquets et des séves *naturels*;

6° Le vin muet contenant du sucre et même du ferment à l'état latent, il en résulte que son addition peut être assimilée à celle du sucre et du ferment qu'on délayerait dans le coupage; mais l'odeur et la saveur en sont préférables;

7° Les coupages doivent se faire par quantités d'au moins 30 hectolitres, pour que la fermentation se développe promptement et uniformément;

8° Les mélanges doivent rester au moins deux ou trois mois en repos avant de les soutirer et de les livrer à la consommation.

Formules des coupages

Le but que l'on se propose d'atteindre est la

règle qui doit guider pour pratiquer un coupage. Il y a donc plusieurs modes d'opérer.

Les résultats que l'on cherche le plus souvent sont : 1° améliorer des vins médiocres ; 2° colorer des vins pâles ou des vins blancs ; 3° remonter des vins faibles ; 4° rétablir des vins malades ou les écouler.

Si l'on se propose l'amélioration des vins, il faut recourir aux formules que nous donnons, en déclarant que les quantités ne sont qu'approximatives et qu'il faut les étudier en faisant le mélange avec un litre au lieu d'un hectolitre, et en dégustant sur-le-champ, puis, huit jours après, afin de saisir la marche de la combinaison. Il n'y a rien de général ni de définitif, qu'on le sache bien ; les proportions de sucre, d'alcool, le bouquet, la couleur, etc., varient chaque année. Chaque année, il faut faire une étude spéciale, afin de connaître les écarts et y remédier soit en augmentant tel ou tel vin, soit en diminuant tel autre, ou encore en en introduisant un nouveau.

Amélioration des vins médiocres.

Vins de l'Aunis, des îles d'Oléron, de Ré, et autres du littoral qui sont faibles et âcres.	400 litres.
Saintonge ou Cher..	200
Narbonne ou vin noir du midi.	200
Vin muet.	8

Dans le Bordelais, il y a des vins verts, durs et peu colorés. Voici le mode de coupage :

Vin de Bordeaux. . . . . 400 litres.
Cahors ou midi. 200
Vin muet. 6

A Paris, on mélange les vins fades, âcres, avec des vins blancs secs et plus spiritueux. La formule que voici est la plus usitée. On vend ce mélange comme bordeaux.

Vin de Mâcon . . . . 228 litres.
Tavel ou Narbonne. 228
Vin blanc du Bugey 228
Vin dur et sec.. 228

On vend aussi comme vin de Bourgogne, Beaune ou Mâcon, un coupage fait comme il suit :

Vin noir du midi, Roussillon
     ou Narbonne. . . . . 228 litres.
Tavel. 228
Cher 228
Loiret. 228
Vin blanc. 228

Les vins que Bordeaux envoie en Angleterre sont coupés selon la formule qui nous a été communiquée récemment et que nous reproduisons :

Vin de Bordeaux. . . . . 600 litres.
Vin d'Espagne 100
Vin noir du midi. 200
Alcool. 40

Les Espagnols, qui connaissent le goût des Anglais, leur expédient des vins qui sont autrement préparés que ceux qu'ils envoient en France ; ils les composent comme il suit :

Vin d'Espagne fort. . . . . . .   400 litres.
—   moyen.   200
Alcool. . . . .   30 à 40

Les vins de Porto, dit de *factorerie*, doivent être mis en pièces en présence de la régie ; ils se font de la manière suivante : on met dans un fût le douzième de sa contenance en alcool, et on remplit avec du vin, ce qui donne la formule suivante :

Vin de Porto. . . . .   275 litres.
Alcool à 80 degrés.   25

Il y a des vins d'Espagne qui sont tellement aromatisés qu'ils ne peuvent être bus en nature : on s'en sert pour parfumer les vins qui n'ont pas de bouquet et leur donner de la séve. 10 litres suffisent pour parfumer une pièce de 230 litres. A Bordeaux, en Belgique, on s'en sert beaucoup et avec beaucoup de succès.

Les vins d'Auvergne se trouvent bien du mélange suivant :

Vin d'Auvergne. . . . .   400 litres.
Vin du midi   200
Cher ou Loiret.   200
Alcool.   15

Ou encore :

```
Vin d'Auvergne. . . . . . . . .   400 litres.
Midi. . . . . . . . . . . . . .   200
Blanc du Bugey . . . . . . . .   200
```

Coloration des vins par le coupage

Si le coupage est fait dans l'intention de donner de la couleur, il faut employer des vins très-colorés ; les meilleurs sont ceux du Roussillon, du Lot, du Puy-de-Dôme, du Bas-Languedoc, de l'Allier, de Loir-et-Cher, de la Loire, du Cher. Les vins blancs les plus employés sont ceux de Maine-et-Loire, de l'Aisne, de la Loire, d'Indre-et-Loire, de Saint-Bris, de l'Yonne, etc.
La formule des coupages est généralement celle-ci :

```
Vin rouge ci-dessus. . . . . .   200 litres.
Vin blanc. . . . . . . . . . .   400
Vin rouge ordinaire. . . . . .   200
```

Au lieu d'employer du vin pour la coloration des vins blancs, il est souvent plus économique d'employer la teinte (*Voir à l'article Coloration*), ce qui permet de se passer du vin noir quand on n'en a pas sous la main, ou qu'il est à un prix élevé. On peut couper comme suit :

```
Vin blanc. . . . . . . . . . .   600 litres.
Vin rouge ordinaire. . . . . .   200
Teinte bordelaise. . . . . . .    10
```

L'addition de la *teinte* a un effet bien précieux, c'est qu'elle clarifie les vins louches et les *dégraisse* en quelques jours.

Remontage des vins faibles

S'il s'agit de remonter des vins faibles, il faut pratiquer le mélange suivant :

Vin faible à remonter.	600 litres.
Narbonne ou vin fort du midi.	200

Ou bien encore :

Vin rouge faible.	600 litres.
Teinte bordelaise.	6
Alcool.	18
Bouquet du Pomard ou autres.	2 flacons.

On peut également faire :

Vin rouge faible	600 litres.
Vin blanc.	200
Teinte bordelaise.	10
Alcool.	24
Bouquet de Pomard.	3 flacons.

Coupage des vins malades

Si le coupage a pour but de faire passer des vins malades, il faut procéder de différentes manières.

Pour le vin aigre, il faut se borner à en mettre une petite quantité par pièce de vin sain, et le faire seulement au moment de la vente ou de l'enlèvement.

Pour du vin amer, il faut opérer comme il suit :

Vin nouveau.	400 litres.
Vin amer.	200
Lie fraîche.	3
Vin muet.	10

S'il s'agit de vin fin, il faut opérer avec du vin de même nature comme ci-dessus.

On laisse reposer ensuite et on colle après un mois. Si le vin est très-amer il faut le soigner comme nous l'avons indiqué au chapitre *Maladies des vins.*

Très-souvent le vin amer est de la plus grande utilité pour les bons vins qui n'ont pas d'âge ; vingt à trente litres suffisent pour vieilir des vins nouveaux et leur donner de la séve. Dans ce cas, il faut bien se garder d'ajouter du vin muet qui, en déterminant la fermentation, détruirait l'amertume.

S'il s'agit de vin de mauvais goût, on peut en faire passer quelque peu sur des vins qui ont du mordant, pourvu, toutefois, que ce goût ne soit pas trop prononcé ; dans le cas contraire, il faut opérer comme il suit :

Vin ordinaire.	400 litres.
Vin de mauvais goût.	200
Vin muet.	6
Bouquet de Pomard.	3 flacons.
Alcool.	4 litres.

On colle après quinze jours de repos.

Si enfin le vin est très-mauvais, il faut le traiter avant le coupage (*voir Maladies des Vins*).

S'il s'agit d'un goût de terroir, on le fera disparaître par le coupage suivant :

Vin rouge de bon goût. . . .	400 litres.
— de mauvais goût. .	200
Vin muet.	6
Pomard.	3 flacons.

On colle le mélange avec la poudre anglaise ou avec la poudre n° 4, on laisse en repos jusqu'à clarification, puis on soutire dans un fût méché et on rafraîchit le bouquet en rajoutant un flacon de Pomard.

On peut à la rigeur se passer de vin muet ; mais il est utile si le vin a un goût très-prononcé. Quant aux vins poussés et absinthés, il faut les faire passer comme les vins aigres.

Observations

Nous avons donné des formules par 600 ou 800 litres ; mais il ne faut pas perdre de vue ce que nous avons dit plus haut, savoir : qu'il est infiniment préférable d'opérer sur des foudres de 30 à 40 hectolitres.

Il est de la plus haute importance aussi d'ajouter à chaque coupage, soit un *bouquet de Pomard*, soit un *extrait de Bordeaux*, une *séve de Beaune*, etc., afin de lui donner du bouquet. du montant et de la séve ; sans cela, ce mélange est facile à distinguer, si on le déguste avant un mois de repos.

Un collage, en affinant et dépouillant le vin, produit une combinaison plus intime des principes du liquide ; il faut donc toujours coller le vin avant de le livrer, ou, au moins, l'expédier sur colle. Les poudres sont un excellent moyen de clarification ; les récompenses qu'elles ont obtenues en sont une preuve certaine. On verra à l'article *Produits œnologiques* la liste de ces préparations que nous recommandons d'une manière toute particulière, soit comme économie, soit comme moyen assuré de succès.

COLORATION DES VINS

Utilité de la coloration.. — La coloration est-elle une amélioration ? — La coloration est-elle une fraude? — Substances employées à la coloration. — Modes d'opérer.

Utilité de la coloration

La coloration des vins est-elle utile, oui ou non ? Telle est la première question qui se présente à l'esprit. Nous pourrions répondre par la question elle-même, en disant : ce qui prouve qu'elle est utile, c'est qu'elle se pratique en grand et qu'on y attache beaucoup d'importance.

La couleur rouge du vin, comme la couleur jaune de l'eau-de-vie, comme toutes les autres colorations de liqueurs, sont passées à l'état d'usage général. Il ne suffit pas que l'eau-de-vie soit légèrement jaune, il faut qu'elle le soit assez. Tout le monde sait parfaitement que le plus ou le moins de couleur n'influe pas sur la qualité du liquide ; mais on le veut foncé à un certain degré, purement parce qu'on a l'habitude de voir cette nuance à l'eau-de-vie. Il en est exactement de même pour la couleur du vin. On sait très-bien que ce n'est pas la couleur qui fait fait la qualité du vin ; mais on la désire franche, foncée, vermeille, transparente, parce cela flatte l'œil.

Un limonadier qui servirait du cognac incolore se le verrait assurément refuser par le consommateur ; il en serait de même si un débitant servait un vin rosé ou peu coloré. La couleur des liquides est une habitude, c'est dire qu'elle est indispensable.

La coloration est-elle une amélioration ?

La coloration faite avec des substances salubres, à petite dose, qui apportent dans le vin du sucre, du tannin, de l'alcool qui sont les principes caractéristiques et conservateurs du vin, augmente ses propriétés toniques et fortifiantes, en même temps qu'elle le clarifie et le conserve. Tel est le jugement que la science et la pratique en portent, et il est sans appel : c'est en vain que par des sophismes spécieux, on cherchera à prouver le contraire.

Nous avons fait plusieurs expériences sur les vins de 1860, ayant pour but de nous renseigner sur les effets de la coloration des vins faibles ; nous nous bornerons à rapporter celle qui suit, qui a été répétée huit ou dix fois, avec le même résultat.

Nous avons exposé au contact de l'air du vin

coloré avec la *teinte bordelaise* et du vin non coloré. Voici ce qui s'est passé :

Vin non coloré. — En 12 heures il a jauni ; le second jour, il se trouble ; le troisième jour, les fleurs (champignons blancs) apparaissent à sa surface ; le quatrième jour, le liquide est floconneux et trouble ; le cinquième, il est couvert de champignons et d'insectes ; le sixième jour, il est en putréfaction.

Vin coloré. — Le second jour, il commence à jaunir ; le troisième, il est jaune ; le sixième jour, les fleurs apparaissent ; le septième, il se trouble ; le neuvième, il est acescent ; le douzième, il est couvert de champignons ; le quatorzième, il est gâté.

Nous concluons de ces expériences que la coloration, contribuant à la conservation du vin, est une amélioration.

La coloration est-elle une fraude?

On agite depuis longtemps cette question sans la résoudre. Tous les jours encore on demande si la coloration est un acte répréhensible ; s'il y a, oui ou non, tromperie sur la nature de la chose vendue, quand un marchand vend du vin coloré *artificiellement*, sans en avoir au préalable prévenu l'acheteur.

Nous soulignons le mot *artificiellement* avec intention. Il y a deux moyens de colorer les vins : en y ajoutant des vins très-colorés ou des substances étrangères. L'une et l'autre de ces colorations sont évidemment *artificielles* dans toute l'acception du mot. Nous savons que certains *puristes* (qu'on nous passe l'expression) disent que c'est du vin qu'ils ajoutent : on va voir que la différence est nulle et qu'il n'y a pas de distinction à faire entre la coloration résultant du vin et celle provenant de toutes autres substances.

Si le vendeur déclare à l'acheteur que son vin est coloré, il est évident qu'il ne peut y avoir fraude ou tromperie, puisque celui-ci achète avec connaissance de cause. Mais si l'acheteur n'est pas prévenu, il peut y avoir lieu à discussion. En effet, il se présente deux cas : ou le vendeur vend en énonçant la provenance et la qualité de son vin, et, dans ce cas, il garantit la pureté du liquide ; ou il vend son vin pour ce qu'il est et sans énonciation de provenance, par conséquent, sans garantie de pureté.

Dans le premier cas, il est évident qu'il y aurait tromperie, puisque le vin contient un mélange soit de vin d'un autre crû, soit une substance étrangère propre à lui donner de la couleur, et que ce vin a une apparence qu'il n'aurait pas si on ne l'eût pas coloré.

Si, au contraire, et comme cela se pratique le plus généralement, le vendeur vend et livre sur dégustation pure et simple, il n'y a pas de garantie ; il fait apprécier son travail, et si le mélange n'est pas nuisible, il ne saurait y avoir ni fraude ni tromperie.

On pense à tort que l'acheteur est censé acheter du vin pur de tout mélange. Cela ne saurait être admis ; puisqu'il est permis, comme nous l'avons vu à l'article *Mélanges des vins*, de faire des coupages.

On objectera peut-être que la loi ne parle que des mélanges de vin : cela ne changerait rien à ce que nous avons dit au sujet de la coloration artificielle qui subsiste toujours et qu'on ne saurait écarter ; mais il resterait à savoir si le mélange des substances propres à la coloration, substances étrangères au vin, peuvent être interdites

5.

ou déclarées frauduleuses, alors que l'addition de couleur par le vin ne le serait pas.

Les tribunaux et cours suprêmes ont admis que l'addition de caramel dans l'eau-de-vie ne constitue pas une fraude. On permet la libre vente du vin fait avec une addition de 10 pour cent de sucre ou de glucose, on permet la vente et la circulation du vin dans lequel il y a du poiré, etc., comment admettre que l'on punirait l'addition d'une substance inoffensive dans la proportion de 1 à 2 pour cent, surtout quand cette substance est composée des mêmes éléments que le vin, et qu'elle s'en rapproche plus que les divers sucres et sirops, surtout les sirops de glucose massés qui contiennent encore très-souvent de l'acide sulfurique, lesquels sont employés dans la proportion de 7 à 10 pour cent ? Comment admettre qu'il soit permis d'ajouter 10 pour cent de sucre dans le vin et qu'il soit défendu d'en mettre 2 pour cent s'il est brûlé ? Le bon sens suffit pour faire justice de ces puérilités.

En résumé, les tribunaux, en admettant la coloration des eaux-de-vie, ont admis implicitement la coloration artificielle des vins, à condition, toutefois, qu'elle soit d'une parfaite innocuité ; mais ils n'ont pas, pour cela, reconnu au vendeur le droit de vendre du vin blanc pour du vin rouge, du narbonne pour du bordeaux, ni du roussillon pour du bourgogne. C'est à tort que l'on se croirait à l'abri de toute poursuite en ne faisant qu'ajouter du vin à du vin. Mettre 15 litres de vin du midi dans une pièce de 230 litres de vin de Bourgogne ou de Bordeaux, c'est modifier ce vin du tout au teut ; vendre du vin blanc pour du vin rouge, après l'avoir coloré avec du narbonne ou du roussillon, c'est *tromper sur la nature de la chose vendue.*

Que l'on ne perde pas de vue, non plus, que plus la fraude est dissimulée, plus on a mis de soin à lui donner les apparences de la vérité, plus elle est coupable, et plus elle est sévèrement réprimée. Si colorer du vin avec des matières étrangères, dans l'intention de le faire passer pour du vin non coloré, est une fraude, le colorer avec du vin noir pour tromper l'acheteur plus facilement, serait une double fraude.

La coloration artificielle du vin est un acte qui ne saurait constituer une fraude que dans le cas où le vendeur garantirait son vin entièrement pur et de tel ou tel crû. Un marchand habile sait faire apprécier son travail à son acheteur qui préférera toujours avoir un beau et bon vin, bien travaillé, à une piquette aussi pure que mauvaise, et qui n'a d'autres qualités que ses défauts.

Substances employées à la coloration

Il y a une foule de substances propres à la coloration des vins, sans compter les vins de fruits. On emploie le raisin sauvage (baies de troëne), les baies de myrtille, les robs, les sucres cuits ou caramels, la garance, le jus de merises, de raisin d'Amérique ou phitolacate, etc.

Le raisin sauvage est une mauvaise coloration qui n'est guère usitée en grand que dans le département de l'Aube, où elle est très-répandue. Employée en forte quantité, cette teinte donne un reflet violacé au vin, bleuit la langue, donne une saveur âcre et désagréable, et agit violemment sur l'estomac dont elle contracte les parois : nous la considérons comme d'un usage dangereux. Les baies de myrtille sont inoffensives ; mais ce fruit donne une saveur aigrelette au vin qui en diminue la valeur. Les robs peu soignés ne sont pas sans inconvénients pour la conservation du vin, sur lequel ils agissent à la façon du vin muet en suscitant la fermentation. Les sucres ne donnent qu'une couleur jaune qui ne convient qu'à certains vins d'Espagne. La garance communique un goût très-désagréable, et de plus elle agit sur les os, au point de les rendre cassants comme du verre. Cette observation est due à Raspail, qui a eu occasion de se convaincre de cette propriété qui la rend précieuse dans les maladies du ramollissement des os, mais dangereuse en toute autre circonstance. Les jus de merises donnent un goût particulier et suscitent une fermentation intempestive qui enlève au vin son bouquet et son arôme particuliers, au point de le rendre méconnaissable, même avec une adition de 3 litres seulement par pièce. Le raisin d'Amérique pousse à la fermentation secondaire et à l'aigre

On colore aussi avec les baies d'hièble. Nous n'avons pas besoin de dire que cette coloration est l'une des plus mauvaises en raison de son âcreté et de ce qu'elle possède des propriétés intoxicantes assez prononcées. On a parlé aussi de la coloration au bois de Campêche; mais nous avons reconnu que cette coloration est de pure invention, qu'elle est tout simplement impossible. L'acide qui existe dans le vin fait virer au jaune cette teinte qui disparaît en se précipitant instantanément.

On a parlé aussi des colorations faites avec le tournesol, le coquelicot, la bettrerave, la rose trémière, ces moyens sont à peu près inconnus, et méritent d'autant moins d'être cités qu'ils sont presque impraticables. La meilleure des colorations, à notre avis, est celle qui nous a le mieux réussi, c'est la *teinte bordelaise* (*Voir aux Produits œnologiques*).

Nous citerons aussi la teinte de Fismes comme l'une des plus anciennes.

La coloration du vin n'est pas d'invention récente, comme on pourrait le croire car elle remonte à plus d'un siècle et et demi. Elle n'est pas non plus propre à la France, car tous les pays qui récoltent du vin la pratiquent de la même manière que nous.

La fabrication et la vente de produits propres à la coloration des vins sont autorisées il y a longtemps; une approbation de la société royale de médecine, une autorisation royale, sont enregistrées au greffe de la police et permettent l'emploi de diverses substances pouvant donner de la couleur au vin, pourvu qu'elles ne soient point nuisibles et fabriquées suivant le procédé qui a été soumis à une commission nommée à cet effet.

Mode d'opérer la coloration

Nous avons dit, à l'article *Mélanges*, que si l'on se proposait, à la fois, de remonter un vin une couleur et en force, il suffisait d'y ajouter de 30 à 40 litres de vin noir du midi : mais il arrive souvent que l'on ne cherche que la coloration, soit qu'on veuille conserver au vin son parfum et ses sèves propres, soit qu'il ait assez de force par lui-même, soit encore que ce vin soit trop médiocre pour supporter la dépense qu'occasionne l'addition du vin, soit, enfin que l'on ait pas ce vin à sa disposition. Dans ce cas, il faut opérer comme il suit.

Pour du vin faible et médiocre :

Vin. . . . . 228 litres.
Teinte bordelaise. . . . . 2 à 3
Alcool à 85 degrés 2
Poudre anglaise . . . . 25 gram.

On tire dans un baquet 5 ou 6 litres du vin à colorer, on y verse la teinte, on fouette pour mélanger, puis on verse dans le fût; on agite vivement pendant deux minutes et on colle à la poudre anglaise. Si l'on veut se débarrasser de suite de la mousse ou bulles d'air causées par le mélange, on les fait disparaître en jetant dans le fût quelques cuillerées d'alcool, après avoir bien rempli et battu pour faire sortir l'air par la bonde.

Pour un vin vert, nouveau, âpre, comme celui de 1860, il faut recourir à un traitement plus énergique. Comme l'acide détruit les couleurs végétales, et qu'en ajoutant soit du vin noir du midi, soit de la teinte bordelaise, la coloration s'en trouve affaiblie, il est nécessaire de désadifier avant de colorer (voir l'article *Désacidification*). Autrement, on le traite comme il suit :

Vin nouveau . . . . 228 litres.
Teinte bordelaise. . . . . 2 à 3
Alcool. 2
Gélatine des vins nouveaux . 30 gram.

Operez comme ci-dessus, et collez, avec la gélatine des vins nouveaux.

Si nous employons la gélatine des vins nouveaux au lieu de poudre anglaise, c'est que cette gélatine est spécialement travaillée pour adoucir les vins verts, et qu'elle ne contient ni gomme, ni substances qu'on rencontre ordinairement dans les gélatines du commerce.

S'il s'agit de colorer des vins ordinaires de bonne qualité, on peut les traiter comme il suit :

```
Vin. . . . . . . . . . . . . . .   228 litres.
Teinte bordelaise. . . . . . . .     3
Bouquet de Pomard . . . . . .        1 flacon.
Poudre anglaise . . . . . . . .     25 gram.
```

Opérez comme ci-dessus. Il va sans dire qu'on emploie, suivant les circonstances, la séve de beaune, l'extrait de bordeaux, etc.

Pour du vin fin, opérez de la manière suivante :

```
Vin. . . . . . . . . . . . . . .   228 litres.
Teinte bordelaise. . . . . . . .     3
Vieux Cognac. . . . . . . . .        1
Extrait de Bordeaux.. . . . . .      1 flacon.
Poudre anglaise. . . . . . . .      30 gram.
```

Opérez comme ci-dessus.

Si l'on voulait colorer du vin blanc, il faudrait employer la formule que voici :

```
Vin blanc. . . . . . . . . . .     191 litres.
Vin du midi.. . . . . . . . . .     30
Teinte bordelaise. . . . . . .       6
Alcool.. . . . . . . . . . . .       1
Bouquet de Pomard. . . . . .         1 flacon.
Poudre anglaise.. . . . . . .       25 gram.
```

Opérez comme ci-dessus.

On peut également employer le purpurigène à la coloration des vins. On opère alors comme il suit :

Vin désacidifié	228 litres.
Purpurigène	200 gram.
Alcool	1 litre.

Délayez le purpurigène dans l'alcool à 50°, ajoutez-y un demi-litre de vin., mettez dans une bouteille, agitez-la tous les jours pendant huit ou dix jours, puis, versez le tout dans le fût, et fouettez.

On peut aussi le faire dissoudre dans de l'eau bouillante et l'employer ainsi. Il est bon de terminer l'opération par un collage.

Cette coloration est inférieure à celle de la *teinte bordelaise.*

DÉSACIDIFICATION

Utilité de la désacidification. — Son but. — Son innocuité, — Mode d'opérer.

Utilité de la désacidification

Indépendamment de ce qu'il y a de désagréable à boire un vin dur, âpre, qui contracte les parois de la bouche et agace les dents, il y a un inconvénient bien plus grave, c'est que les vins durs, acides, provenant de raisins verts ou qui ont mal mûri, troublent la digestion, causent des maux d'estomac, des dérangements et des maladies d'entrailles, des dyssenteries des plus dangereuses.

« Dans les bonnes années, dit Jullien, presque tous les vins sont potables tels qu'on les a récoltés ; mais quand les raisins n'ont pas mûri, les vins, même des bons crûs, sont dépourvus de qualités, et conservent longtemps une âpreté désagréable, tels ceux des récoltes de 1805, 1809, et surtout ceux de 1816, 1817, 1823 et 1824. » Ceux de 1860 surpassait ceux que nous venons de nommer.

L'acidité a, de plus, le grave inconvénient, comme nous l'avons dit plus haut, de détruire la couleur des vins colorés auxquels on mélange les vins acides, et, en outre, de déterminer une fermentation nouvelle qui produit bientôt un liquide acéteux, ou pour mieux dire, du vinaigre.

Les nombreuses lettres qui nous ont été adressées après la récolte de 1860, constatent la vérité de cette théorie ; de partout on nous annonça que les mélanges de vins forts et colorés avec les vins nouveaux produisirent des coupages qui sûrirent promptement, se décolorèrent et tournèrent au vinaigre, ou devinrent troubles, et ne s'éclaircirent qu'avec la plus grande difficulté. On conçoit combien il est urgent de débarrasser des vins de cet excès d'acide destructeur.

But de la désacidification

La désacidification a pour but : 1º de détruire l'acidité du vin en la saturant ; 2º de séparer ou précipiter le ferment non décomposé ; 3º de faciliter la clarification; 4° de rendre les vins acides propres à être mélangés soit avec des vins vieux, soit avec des vins nouveaux plus forts et plus corsés.

Tout le monde sait que le vin nouveau, même des bonnes années, a une odeur et une saveur particulières qui font que le dégustateur distingue de suite un vin vieux additionné de vin nouveau. La désacidification, suivie d'un collage, enlève la majeure partie de cette odeur et de cette saveur; de telle sorte que le vin vieux peut dominer le coupage, même quand il est fait dans de fortes proportions avec du vin nouveau.

Le vin désacidifié n'attaque plus la couleur du vin vieux avec lequel il est mélangé.

Le ferment une fois précipité, le vin est moins sujet à s'altérer. Le ferment a une action persistante; quand il ne trouve plus de sucre à décomposer, il s'attaque à l'alcool, aux parties végétales en suspension, et il convertit le vin en vinaigre ou le putréfie.

Tel est le but de la désacidification.

Innocuité de la désacidification

Le premier point de la désacidification, c'est qu'elle soit d'une innocuité parfaite; or, on sera convaincu qu'elle l'est en effet, quand on saura que le procédé consiste à convertir le bitartrate de potasse qui existe dans les vins et qui cause l'acidité, en sesquitartrate et en tartrate neutre de potasse et de soude.

Dans tous les vins nouveaux, le bitartrate de potasse est considérable; c'est ce qui donne une âpreté parfois insupportable aux vins qui en sont le plus chargés. Cette saveur acide est toujours confondue, à la dégustation, avec le principe astringent du tannin. Ceci est si vrai que si l'on sature l'acide tartrique libre, le vin de Bordeaux, par exemple, vieillit de plusieurs années, et acquiert, après un repos de quinze jours et un collage à la *poudre anglaise* ou à la *poudre des vins de Bordeaux*, toutes les qualités exigées pour être bu immédiatement.

L'effet produit sur les vins blancs est le même, et, de plus, la désacidification leur donne une limpidité parfaite.

Si l'on veut savoir le résultat que produit la désacidification et que l'on analyse, soit le vin, soit les dépôts, on trouvera qu'elle a converti l'acide du vin en sels de différente nature selon le procédé employé, substances dont l'action est nulle sur l'économie animale.

La désacidification a, en outre, la propriété d'agir sans détruire le tannin, sans dénaturer ni détériorer le vin en aucune de ses parties, et de pousser à la clarification.

Moyen d'opérer la désacidification

Le mode d'opérer est des plus simples et des plus faciles ; il s'agit pour cela de recourir au désacidifieur (*voir la liste des Produits œnologiques*), et de l'employer comme il suit :

Vin nouveau	228 litres.
Désacidifieur	150 gram.
Sel gris	100
Poudre anglaise	35
Eau bouillante	1 litre.
Alcool à 90 degrés	1

Faites dissoudre le désacidifieur et le sel dans l'eau bouillante, versez dans le fût; agitez vivement pendant trois minutes, et collez avec de la poudre anglaise. On peut laisser sur la lie aussi longtemps qu'on le désire.

Si le vin est très-dur, comme celui de la récolte de 1860, il faut opérer d'une manière plus énergique :

```
Vin nouveau. . . . . . . . . .   228 litres.
Désacidifieur. . . . . . . . .   250 gram.
Sel marin (sel gris). . . . . .  150
Poudre anglaise . . . . . . .     30
Eau bouillante.. . . . . . . .     1 litre.
Alcool à 90 degrés. . . . . .      1
```

Opérez comme ci-dessus, en faisant dissoudre le sel avec le désacidifieur, puis vous collerez après l'introduction du liquide désacidifiant.

Enfin, si le vin n'est pas suffisamment désacidifié il faut augmenter la dose de désacidifieur.

Si le vin est très-faible et que l'on craigne pour sa conservation, il faut y ajouter encore un demi litre d'alcool par hectolitre.

Si l'on veut colorer le vin, soit en le remontant avec du vin noir, soit en y ajoutant de la teinte, on se borne à désacidifier sans coller; puis après deux jours de repos, on introduit la coloration, on fouette et on colle, comme il est dit, sans autre modification.

Que l'on ne perde pas de vue ce que nous avons dit de la gélatine pour les vins nouveaux, et qu'on ne la confonde pas avec les colles fortes du commerce ni avec les gélatines ordinaires pour vins, mêmes les plus vantées, car on manquerait complétement son but. Qu'on se rappelle, une fois pour toutes, que les gélatines ordinaires ne clarifient qu'en précipitant le tannin, la seule subtance qui, avec l'alcool, concourt à la conservation du vin. De plus, ces gélatines laissent en dissolution dans le vin des matières gommeuses, fibreuses, animales, infectes, qui poussent à l'aigre et empêchent les vins de se conserver sains, surtout ceux où le tannin est peu abondant. Nous avons acquis la conviction que les vins du midi qui sont collés avec les gélatines sûrissent beaucoup plus vite et aussitôt qu'ils sont en vidange de 30 à 35 centimètres.

Au point de vue théorique et pratique, chimique et mécanique, la gélatine est le plus mauvais agent de clarification ; ce n'est qu'avec peine que nous sommes parvenu à la débarrasser de ses principaux défauts. Elle produit, parfois, une clarification rapide sur certains vins ; mais c'est aux dépens de leur qualité et de l'avenir. Presque tous les vins collés avec la gélatine se conservent mal ; ou ils déposent, ou ils se troublent de nouveau, ou ils deviennent gras, ou ils fermentent et tournent à l'aigre. Jullien dit, dans son *Manuel du Sommelier* [1] : « M. Jullien fut obligé de renoncer à la gélatine. »

1. *Manuel du Sommelier*, ou la manière de soigner les vins, par M. Julien. 1 vol. avec fig. Prix, 3 fr. Cet ouvrage se trouve à la *Librairie encyclopedique de Roret,* rue Hautefeuille, 12.

DES VINS DU MIDI

Leur nature. — Classification de ces vins par rappor[t]
aux coupages. — Leurs défauts naturels et moyen[s]
de les corriger. — Inutilité du plâtrage et du vi[-]
nage.

Nature des vins du midi

Nous avons défini autre part les vins du midi;
nous avons dit, avec tout le monde : les vins du
midi sont chauds, charnus, liquoreux, pâteux,
alcooliques, plus ou moins épais et colorés.
Voici ce qu'ils présentent à la dégustation, et si
on les analyse, on découvre bien vite qu'ils contiennent une grande quantité de sucre non
décomposé et indécomposable faute de ferment.

Lavoisier nous apprend qu'il faut 3 parties de
levure sèche de bière pour décomposer 100 parties de sucre de canne. D'après Thénard, il
faudrait 3,34 de ferment de groseilles sec pour
décomposer 100 parties de sucre de canne.

On n'a pu déterminer encore la quantité
exacte de ferment que contient le moût des vins
du midi; mais on sait à peu de chose près celle
qui leur manque.

Dans quelques expériences que nous avons
faites, nous avons trouvé qu'elle était de
250 grammes de levure fraîche de bière par
hectolitre de moût de 12 à 13 degrés Baumé. Ce
sont donc ces bases qui nous serviront plus loin
à développer notre principe du *complément* des
vins du midi.

Classification des vins du midi par rapport aux coupages.

Les vins du midi se classent en vins rouges et en vins blancs. Voici ceux qui sont généralement employés pour donner de la force, du corps, de la couleur et de la séve aux vins des autres départements : ce sont les vins de Roquemaure, de Saint-Gilcs-les-Boucheries, de Bagnols, département du Gard ; — de Saint-Georges, d'Orques, de Vévargues, de Saint-Christol, de Saint-Drézéry, de Saint-Geniès, de Castries, département de l'Hérault ; — de Cunac, de Caisagnet, de Saint-Juéry, de Saint-Armarans, de Gaillac, département du Tarn ; — de Narbonne, département de l'Aude ; — ceux de Rivesaltes, de Baixas, de Corneilla, de la Ribéra, de Saint-Jean-Lasseille, de Banyuls-des-Aspres, d'Argelès et de Sorrède, département des Pyrénées-Orientales. — A Paris, on se sert principalement des vins de Chateldon et de Rio, département du Puy-de-Dôme, ainsi que ceux de Luppé, de Chuynes, de Saint-Michel, de Saint-Pierre-de-Bœuf et de Bœn, département de la Loire ; ces vins sont d'une belle couleur ; ils ont du corps et même du bouquet. Les vins blancs sont plus rares et beaucoup moins estimés ; ils n'entrent que dans les coupages qui se pratiquent dans le pays même.

Il y a bien encore quelques localités qui fournissent des vins colorés propres aux coupages ; mais ces vins sont moins connus.

De leurs vices naturels et des moyens de les corriger

Nous avons dit quelle était la constitution des

vins du midi, nous allons passer en revue les vices qu'elle entraîne forcément avec elle.

Le défaut de ferment fait que le sucre n'étant pas entièrement décomposé, le vin est lourd, pâteux, et que la matière sucrée est constamment disposée à subir la transformation en alcool ou en acide acétique. Cette prédisposition rend ce vin impropre à séjourner dans un local dont la température est élevée. Si on le met en vidange, il subit très-rapidement la fermentation acéteuse; aussi reproche-t-on à ces vins de ne pas supporter le tirage à la cannelle sans sûrir, en moins de quinze jours ou trois semaines, même dans une bonne cave et en hiver.

On a recherché longtemps les moyens de combattre ces tendances à la décomposition, on a eu recours au plâtrage, à l'alunage, à l'alcoolisage, tout cela à peu près sans succès. Depuis plusieurs années, nous consommons pour notre maison cinq ou six pièces de vin du midi par an. Nous nous sommes livré à diverses expériences sur ces vins, et nous avons eu lieu de nous convaincre de l'inutilité des moyens ci-dessus.

Ces expériences nous ont conduit à découvrir que le collage à la poudre anglaise retardait la fermentation acéteuse, et que l'adjonction de certaines substances donnait encore plus d'action à cette poudre. C'est ce qui nous a amené à la découverte de la *poudre des vins du midi*.

A l'aide du *bouquet œnanthique des vins du midi*, nous avons encore obtenu une prolongation et une séve plus agréable, une conservation meilleure; ces moyens peuvent suffire dans le cas où les fûts; ne restent pas plus de six semaines à deux mois en vidange; mais ils sont insuffisants pour les vins destinés à faire de longs voyages, à être exposés à diverses manipulations, à subir de fréquents changements de température, etc., etc. Il nous a donc fallu rechercher un moyen d'action plus énergique pour supprimer la cause afin de faire disparaître l'effet; c'est-à-dire compléter le travail de la fermentation : c'est ce que nous avons fait.

La question à résoudre était celle ci : décomposer le sucre qui ne l'était pas et le transformer en alcool. La poser, c'était la résoudre en quelque sorte; nous savions que le ferment faisait défaut, il ne suffisait plus que de déterminer la matière à employer et d'en fixer les quantités.

Nous avons jeté les yeux sur la levûre de bière; mais elle ne peut être employée en quantité suffisante sans communiquer un léger arrière-goût au vin; nous avons songé aux groseilles desséchées, etc., et après quelques essais, nous nous sommes arrêté aux lies des vins du nord et au tartre brut de ces vins. En employant l'une ou l'autre de ces matières qui contiennent du ferment en grande quantité et qui sont, par conséquent, des agents très-actifs de fermentation, nous l'avons déterminée dans tous les vins du midi, en moins de dix heures, sous une température de 15° R.

Ces expériences nous ont conduit à reconnaître, d'une manière à peu près exacte, la quantité de ferment nécessaire, suivant sa nature, et aussi à constater qu'en agissant sur des vins faits, une certaine quantité d'alcool se convertissait en acide acétique, ce qui dénote que ce travail *complémentaire* doit se faire dans la cuve, et en même temps que la première fermentation.

Il nous a été facile d'établir théoriquement des formules résumant notre travail; aussi allons-nous les traduire ici, pour en permettre l'application en grand et facilement.

La levure de bière poussant autant à la fermentation acéteuse qu'à la fermentation alcoolique, nous l'avons négligée et ne l'employons qu'à défaut d'autres. Nous lui préférons le tartre brut, la groseille desséchée, les lies de vins, les feuilles, les vrilles, les jeunes pousses de la vigne.

La quantité de ferment à ajouter étant basée sur la densité du moût, il faudra déterminer cette densité en le pesant, et s'il est supérieur à 13°, il faudra le réduire à ce degré en ajoutant de l'eau, froide s'il fait trop chaud, et chaude s'il fait trop froid. Il est entendu que l'eau doit être répartie par toute la cuve d'une manière uniforme ; sans cela, on s'exposerait à des accidents résultant d'une mauvaise et inégale fermentation.

Cela fait, on évalue la quantité du moût et on procède comme il suit :

Pour une cuve de 30 hectolitres à 12 ou 13 Baumé, prenez :

> Tartre brut et sec des vins
> rouges du nord . . . . . .   18 kilog.

ou :

> Tartre but de vin blanc.. . .   14

ou :

> Lies fraîches de vins du nord.   60 litres.

ou :

> Groseilles sèches (grappes et
> pédoncules).,. . . . .   8 kilog.

ou :

> Crème de tartre..   14

ou :

    Feuilles vertes, vrilles, bour-
       geons de vigne, hachés ou
       écrasés. . . . . : .   15 kilogr.

Si le moût ne pèse que de 11 à 12 degrés, di-
minuez la quantité de ferment d'un douzième.

Délayez ou incorporez avec 100 litres de
moût ou d'eau, si le moût porte plus de 13º, et
distribuez le tout dans votre cuve d'une manière
uniforme, en en mettant une couche tous les 50
centimètres d'épaisseur de vendange, et en
brassant; veillez à ce que la température de la
cuve soit à 14 ou 15º R., et qu'elle ne s'abaisse
pas au-dessous de 12 ou 13º. Enfoncez votre
cuve, de manière que le liquide surnage par-
dessus la vendange de quelques centimètres;
bouchez-la et laissez-la en cet état jusqu'à
ce que le moût soit descendu à 0, ou à 1º au
plus du saccharomètre.

Il est indispensable d'écraser la vendange si
l'on tient à obtenir beaucoup de couleur et une
fermentation complète.

Si les vins sont destinés à la chaudière, il
faut écraser la vendange, la presser et faire fermenter le moût à part : de cette façon, on n'extrait pas les huiles essentielles contenues dans
les pellicules du grain, et les eaux-de-vie sont
plus douces et plus suaves.

Inutilité du plâtrage et de l'alcoolisation.

Le plâtrage et l'alcoolisation, n'ayant d'autre
but que d'arrêter les effets d'une fermentation
lente et intempestive, il est clair qu'ils n'au-

ront plus de raison d'être, du moment que la fermentation sera achevée ; c'est-à-dire qu'elle aura été conduite de manière à convertir tout le sucre en alcool. On conçoit tout ce que cette méthode a d'avantageux.

Le plâtrage n'est pas toujours souverain pour arrêter la fermentation, et il a le double inconvénient de rendre le vin rude, grossier, et d'éloigner les acheteurs de l'étranger, où les vins plâtrés sont considérés comme malsains.

Pour assurer la conservation indéfinie des vins traités par notre méthode, il suffirait de les coller comme nous l'avons dit à l'article *Clarification*, en employant la poudre des vins du midi à forte dose, et en y ajoutant 100 grammes de sel marin par hectolitre.

DES VINS DU NORD

Leur nature. — Leur classification par rapport aux coupages. — Leurs vices naturels et des moyens d'y remédier. — Traitement des vins après qu'ils sont tirés de la cuve.

Nature des vins du nord

Nous donnons la qualification de vins du nord à tous les vins qui sont récoltés au delà du 48ᵉ degré de latitude ; toutefois nous en exceptons les vins de pineau, n'importe où ils se trouvent. Les vins du nord sont âpres, durs, verts, peu alcooliques, dépourvus de séve et de bouquet. Ils proviennent assez généralement de gros plants, parmi lesquels le gamet occupe le premier rang.

Classification des vins par rapport aux coupages

La plupart des vins du nord gagnent à être coupés avec les vins du midi; cependant, il faut reconnaître qu'ils ont un immense avantage sur ces derniers; ils ont plus de fraîcheur et, s'ils manquent de vinosité, ils ont plus de limpidité et une apparence plus flatteuse. Leur côté défavorable, c'est qu'ils ne sont potables que dans les années où le raisin acquiert une maturité passable. Au-dessous, ils sont désagréables et agacent les dents.

Les principaux départements qui fournissent le plus de vin dans cette région sont l'Aube, la Marne, l'Yonne, le Bas-Rhin, Seine-et-Marne et Seine-et-Oise. A l'exception de quelques localités, les vins de ces départements sont très-médiocres et ne se conservent pas au delà de deux ou trois ans. Ils fournissent des vins blancs assez estimés, l'Aube, la Marne et l'Yonne du moins.

Leurs vices naturels et des moyens d'y remédier

Si les vins du midi pèchent par le défaut de ferment, ceux du nord manquent de principe sucré; aussi se conservent-ils très-peu, malgré toutes les précautions que l'on prend pour en prolonger la durée. Ils sont sujets à tourner au gras et à l'aigre. Il est vrai qu'on prévient le premier cas, en laissant cuver plus longtemps, après avoir soigneusement enfoncé la cuve; le second, en ne laissant pas séjourner le vin sur la lie et en tenant les tonneaux constamment pleins; mais, malgré toutes ces précautions qui ne sont pas toujours suivies, il arrive souvent que l'on perd des quantités considérables de vin.

Nous avons indiqué plus haut, à l'article *Désacidification*, ce qu'il y a à faire pour adoucir les vins faits. Pour le surplus, nous renvoyons à l'article *Sucrage du moût*.

Traitement et conservation des vins après leur soutirage

S'il est facile de corriger les vices naturels du vin au moment de la vendange et dans la cuve, cela devient difficile quand ils sont fabriqués et que la fermentation est terminée.

Nous avons dit que l'addition de la matière sucrée dans le moût avait pour but d'augmenter la vinosité, puisque ce sucre est rapidement converti en alcool. Il semblerait donc, *a priori*, plus simple et peut-être moins coûteux, de se borner à ajouter de l'alcool tout fait après que le vin est soutiré; cela n'est pas aussi facile qu'on le croit. En effet, les additions que l'on fait au vin après la fermentation, ne peuvent que constituer des mélanges; pour qu'il ait combinaison, il faut qu'il y ait fermentation, de là la nécessité de compliquer l'addition d'un principe fermentescible qui puisse faire naître une légère fermentation, comme nous l'avons déjà dit, capable de produire *l'assimilation de* l'alcool, pour ainsi dire.

Nous avons fait quelques expériences sur les vins d'Argenteuil de 1860, qui étaient d'une acidité que l'on croirait impossible si on n'eût pu s'en convaincre par la dégustation. La force alcoolique était nulle, et la couleur à l'état de soupçon. Ce n'est pas sans tâtonnement que nous avons opéré d'abord ; mais, enfin, nous avons obtenu des résultats assez satisfaisants pour nous engager à les faire connaître.

Nous avons opéré de trois manières différentes et comme il suit : Nous avons pris trois fûts de vins identiquement semblables, et nous les avons désacidifiés, puis nous avons soumis chacun à un traitement particulier.

No 1. Vin désacidifié.	200	litres.
Sirop de fécule	5	kilog.
Lie fraîche (dépôt). . .	10	litres.
Teinte bordelaise.. . .	4	

Nous avons mêlé et agité le tout, puis nous l'avons abandonné au repos. Le lendemain, la fermentation était commencée et ce n'est qu'après trois semaines qu'elle a été terminée. A ce moment le liquide était louche, quoique plus vineux, une certaine portion du sucre n'était pas encore décomposée.

No 2. Vin désacidifié	220	litres.
Sirop de fécule	2	kilog.
Sucre.	3	
Lie fraîche (dépôt). . .	10	litres.
Teinte bordelaise . . .	4	

Nous avons fait dissoudre le sucre dans 4 litres de vin légèrement chauffé (à 65°), et nous avons opéré comme ci-dessus. Après le même espace de temps, la fermentation était terminée et le vin plus vineux que le n° 1, plus agréable, mais encore légèrement louche. Il contenait encore des traces de sucre non décomposé.

No 3. Vin désacidifié. . . . .   220 litres.
       Sucre . . . .   3 kilog.
       Alcool 3/6 Montpellier.   2 litres.
       Lie fraîche (dépôt). . .   4
       Teinte bordelaise . . .   4
       Bouquet de Pomard. .   1 flacon.

Nous avons opéré comme ci-dessus et ajouté l'alcool. La fermentation a été aussi sensible, et après le même laps de temps, ce vin était d'une parfaite limpidité, légèrement vineux et agréable, le bouquet avait donné un parfum très-sensible.

Deux mois après, nous avons constaté l'état de ces trois échantillons comme il suit:

Le n° 1 est coloré, passablement vineux, mais il est encore louche ; cependant, on trouve une certaine fadeur provenant du sirop de fécule qui était cependant d'une excellente qualité.

Le n° 2 est également coloré, plus vineux, plus, limpide que le n° 1 ; on pourrait le croire collé : il est incomparablement plus limpide que celui qui n'a pas été travaillé et dont nous avons conservé échantillon.

Le n° 3 est d'une limpidité et d'un brillant parfait ; il est agréable à boire, il a beaucoup d'analogie avec les vins des bonnes années; il est suffisamment corsé et il ne manque pas d'une certaine finesse et d'un bouquet qui le rendent préférable aux vins naturels des moyennes années.

Nous collons ces trois fûts et nous espérons qu'avant de mettre sous presse, nous aurons encore des observations à consigner ici.

Aujourd'hui, 7 février, le n° 1 est encore

louche, le n° 2 est limpide, et le n° 3 clair-fin. Nous avons collé avec la poudre anglaise.

Nous n'avons rien à ajouter à ces expériences dont le résultat s'est soutenu et n'a pas changé.

Les lies que nous avons employées sont des dépôts de vins de 1859 ; elles ne contiennent que fort peu de ferment, mais il est facile de s'en procurer de plus riches. Les lies de vin vieux, surtout, sont précieuses tant sous ce rapport que sous celui du bouquet et de la séve qu'elles donnent ; celles du vin blanc sont préférables encore. Les lies provenant du collage à la poudre anglaise produisent de bons effets. On sait, du reste, l'influence qu'ont les vieilles lies sur les vins nouveaux ; c'est sur ce fait qu'est basé le *vieillissement* dont nous avons parlé.

Si l'on ne pouvait se procurer des lies fraîches, il faudrait tourner la difficulté et recourir au tartre brut (gravelle), en donnant la préférence au blanc.

Voici alors la formule que l'on devrait suivre :

Vin désacidifié...............	228 litres.
Tartre brut dissous dans du vin tiède	200 gram.
Sucre ou cassonade.........	1 kilog.
Teinte bordelaise...........	3 litres.
Alcool.....................	2
Bouquet de Pomard ou de Médoc....................	1 flacon.

Opérez comme ci-dessus. Laissez reposer quinze jours ou trois semaines si vous n'êtes pas pressé, puis, collez à la poudre anglaise, et soutirez au besoin.

7.

On pourrait aussi recourir à cette formule :

Vin désacidifié.................	200 litres.
Vin du midi....................	22
Alcool........................	1
Sucre ou cassonade............	2 kilog.
Tartre brut...................	300 gram.
Sirop blond de raisin.........	3 kilog.
Bouquet de Pomard............	1 flacon.

Laissez reposer pendant un mois et collez à la poudre anglaise. Ce temps serait à peu près suffisant pour qu'il s'établit une légère fermentation et que la décomposition du sucre pût avoir lieu.

Enfin, on pourrait faire encore :

Vin désacidifié...............	210 litres.
Vin du midi très-noir........	10
Teinte bordelaise............	3
Alcool........................	3
Sucre ou cassonade...........	1 kilog.
Bouquet de Pomard ou autre.	1 flacon.

Opérez comme ci-dessus.

Au printemps, et pendant l'été 1861, nous nous sommes livré à différentes expériences sur les vins de la récolte 1860, et nous nous sommes très-bien trouvé de ce simple traitement :

Vin désacidifié avec 300 grammes de désacidifieur.	221 litres.
Alcool........................	4
Teinte bordelaise............	3
Pomard......................	1/2 flacon.
Poudre anglaise..............	30 gram.

Opération comme ci-dessus.

Nous avons opéré sur des vins d'Argenteuil, qui ont ainsi perdu tout leur mordant et qui sont devenus assez agréables à boire.

Nous avons traité des quantités assez importantes de vins à Argenteuil (2,000 pièces environ), comme il suit, pour le compte des propriétaires, et ces vins se sont vendus, de préférence aux autres, à 5 ou 6 fr. de plus par pièce :

Vin.........................	225 litres.
Désacidifieur...................	350 gram.
Teinte bordelaise...........	2 litres.
Poudre anglaise.............	30 gram.

On faisait dissoudre le désacidifieur dans 4 ou 5 litres de vin qui devenait d'abord tout noir. On tirait 6 litres de vin, on versait la solution *désacidifiante* dans le fût, et on donnait un coup de fouet; on délayait la teinte dans le vin tiré, moins 3 ou 4 litres qu'on séparait, puis on donnait un second coup de fouet; on collait de suite, et on terminait par un troisième coup de fouet.

Notez qu'on peut remplacer le Pomard par tout autre bouquet; l'adjonction de cette préparation ayant pour but principal d'augmenter la vinosité ou plutôt le *goût de vin*, comme l'on dit vulgairement. Mais qu'on n'oublie pas l'action conservatrice que ces bouquets ont sur les vins. L'action de la sève de Beaune est telle, que nous avons conservé un litre d'eau en parfait état pendant trois mois d'été par l'adjonction de quelques grammes de cette liqueur.

Si l'on opérait sur du vin qui ne fût que médiocre, et que l'on eût des vins du midi à sa disposition, on pourrait employer la formule que voici :

Vin nouveau désacidifié.....   172 litres.
Vin du midi................   40
Vin blanc do...............   14
Teinte bordelaise...........   2
Sel gris....................   100 gram.
Pomard.....................   1 flacon.

Opérez comme ci-dessus, et collez à la poudre anglaise, après quinze jours de repos.
Ou bien encore :

Vin désacidifié.............   158 litres.
Vin du midi...............   30
Vin blanc.................   36
Teinte bordelaise   3
Pomard...................   1 flacon.

Opérez comme ci-dessus.

Les bouquets que l'on ajoute aux coupages ont pour but de fondre le mélange et de lui donner le parfum du vin vieux. C'est une précaution que ne doit pas négliger un négociant habile.

Il y a un vin en Espagne qui possède une séve tellement intense qu'elle en est désagréable. Il ne faut pas la confondre avec l'arôme du goudron ou de la colophane provenant des outres qui ont renfermé ce vin. Cette séve est si forte qu'on en conserve le goût vingt minutes après l'avoir dégusté, et qu'il est à peu près impossible de le boire pur. Ces qualités ne sont plus que des défauts; mais on utilise ces vins en Belgique et dans le midi, pour donner du bouquet et de la séve à ceux qui en manquent. A Bordeaux, on en emploie une certaine quantité.

Voici la formule que l'on devra employer dans les sortes de coupages que nous recommandons :

Bon vin désacidifié ou vin vieux...................... 214 litres.
Vin d'Espagne.............. 10
Alcool....................... 2
Sucre ou cassonade blanche.. 1 kilog.
Teinte...................... 3 litres.
Bouquet de Bordeaux........ 1 flacon.
Poudre anglaise............. 30 gram.

Opérez comme ci-dessus.

Les vins d'Espagne les plus estimés pour *bouqueter*, sont les Alicante rouges, les Malaga doux et les Xérès.

Ainsi que nous l'avons dit, à l'article *Mélange des vins*, on ne peut fixer à l'avance d'une manière exacte la quantité de chaque vin qui doit entrer dans les coupages; cela dépend de la couleur, de la vinosité, du mordant et de l'action que les vins exercent réciproquement les uns sur les autres. Les quantités que nous donnons sont approximatives seulement, mais elles se rapprochent tellement des quantités réelles, que nous sommes assuré qu'il ne faudra pas une grande correction pour atteindre le résultat voulu.

La désacidification préalable est indispensable si on agit sur des vins très-verts; elle est même nécessaire sur tous les vins nouveaux en général, si on veut restreindre l'usage des vins forts et colorés que les vins nouveaux *mangent* (pour nous servir d'un terme consacré) plus ou moins rapidement.

Quelle que soit la maturité du raisin, les vins du nord ont toujours, et tous les ans, un excès d'acide dont il faut les dépouiller avant de les soumettre aux coupages, tant qu'ils n'ont pas perdu leur dureté. Il n'y a qu'une seule exception, c'est dans le cas où l'on ferait des mélanges

avec des vins pâteux, lourds, sans montant.
Alors seulement, on pourrait se dispenser de désacidifier.

Si les vins doivent être consommés en nature,
à plus forte raison il faut les désacidifier, et cela
en tout temps; la désacidification ayant le double effet d'adoucir et de clarifier.

DU VIN MUET

Utilité du vin muet. — Mode de fabrication. — Du
vin muet artificiel.

Utilité du vin muet

Le vin muet sert à exciter la fermentation
dans les coupages, qui conserveraient sans cela
la saveur particulière à chaque vin mélangé, de
telle sorte que le dégustateur distinguerait toutes
les saveurs l'une après l'autre. Pour que le
coupage ne forme plus qu'un seul vin, il faut
qu'il y ait combinaison, et il ne peut y avoir
combinaison sans fermentation ou sans un
repos très-prolongé, souvent de trois, quatre
mois et même plus. Le vin muet dispense d'attendre aussi longtemps pour la vente des coupages, puisqu'il produit en huit jours ce que le
repos ne ferait pas en trois ou quatre mois. De
plus, il vieillit, fond les coupages et leur donne
un certain bouquet, du moelleux et de la
mâche.

Fabrication du vin muet

Pour préparer le vin muet, on presse et foule la vendange qu'on a soin de choisir bien belle et bien mûre, et on colle de suite ce vin pour l'empêcher de fermenter; on jette le moût dans des tonneaux qu'on remplit au quart, on brûle plusieurs mèches dessus, on bouche et l'on agite fortement la futaille jusqu'à ce qu'il ne s'échappe plus de gaz par la bonde lorsqu'on l'ouvre. On augmente alors la quantité de moût, puis on brûle de nouvelles mèches, et on agite comme la première fois. On continue ainsi jusqu'à ce que le fût soit rempli. Ce moût ne fermente jamais; il a une saveur douceâtre, une forte odeur de soufre. Si on y mêle de l'alcool, on obtient un vin très-liquoreux que l'on désigne sous le nom de *calabre*, et qui sert à donner de la force et de la douceur aux vins qui en manquent; son plus grand emploi est dans la fabrication des vins de liqueurs.

Vin muet artificiel

Quand on n'a pas de vin muet, on peut le remplacer jusqu'à un certain point par le sucre qu'on fait dissoudre dans moitié de son poids d'eau bouillante; mais comme ce sirop manque de principe fermentescible, il faut ajouter au mélange une certaine quantité de vin du nord nouveau et dur, ou de la lie fraîche de ces vins, après qu'ils ont subi déjà un soutirage.

DU VIEILLISSEMENT DES VINS

Différents moyens de les vieillir.

Les vins vieux sont plus agréables à boire, plus généreux, plus bienfaisants que les nouveaux ; en d'autres termes, l'excès d'acide tartrique s'est précipité, les matières étrangères ont disparu, les autres se sont combinées, le vin a pris de la limpidité et de la transparence : il a vieilli. On conçoit l'importance du vieillissement du vin et toutes les tentatives qui ont eu lieu, afin de l'obtenir le plus rapidement possible.

Indépendamment du procédé que nous avons indiqué plus haut, à l'article *Amélioration*, qui est bien au fond une méthode de vieillissement, il y a trois systèmes pour vieillir le vin :

1° Le vieillissement par l'âge, dit *naturel;*

2° Le vieillissement par l'étuve ou *artificiel;*

3° Le vieillissement *chimique.*

Le vieillissement naturel, quoi qu'il en soit, sera toujours préférable et préféré ; mais les autres ont aussi leur mérite. — Nous ne conseillerons jamais de vieillir soit artificiellement, soit chimiquement les grands vins, il faudrait être ennemi de son pays et du bon vin pour donner un tel conseil ; vieillir artificiellement de telles liqueurs, ce serait en diminuer les qualités.

Le vieillissement artificiel peut être appliqué aux vins demi-fins, aux *passe-tous grains,* et aux gamets de Bourgogne, à tous les vins intermédiaires. Cependant, nous devons le dire, l'étuve a l'inconvénient de produire l'évaporation spiritueuse, une combinaison forcée qui reste incomplète; de rendre le vin plus doux, plus sucré, moins frais, ce qui nuit au développement du bouquet, en fixant dans le liquide des matières que l'âge en aurait séparées.

Le vieillissement, au moyen de l'étuve, consiste à soumettre le vin à une température moyenne de 40 degrés et même de 50 et 60, soit en chauffant le local, soit en faisant passer dans un foudre, des tuyaux de vapeur.

Le vieillissement chimique, de même que le vieillissement artificiel, ne convient qu'aux vins intermédiaires et ordinaires, mais il lui est bien supérieur pour les vins nouveaux. Il agit en attaquant directement la cause qui rend le vin âpre, dur, acide, astringent.

On a conseillé de vieillir les vins en plaçant les bouteilles sur des couches chaudes de fumier de cheval ou de mouton; en le couvrant de foin mouillé et en fermentation. Tous ces moyens ne valent pas l'étuve et sont très-dangereux ; car en les employant, on s'expose à de grosses pertes.

Pour opérer le vieillissement chimique, il faut prendre :

Pour 230 litres de vin :

1 vieillisseur (*voir aux produits œnologiques.*)
1 séve de Médoc, s'il s'agit de vin de la Gironde.
1 Pomard si l'on opère sur du Bourgogne.
Poudre anglaise, 30 grammes.

Délayez la substance chimique dans 2 litres d'eau, versez dans le fût et agitez vivement. — Le lendemain, agitez encore une ou deux fois. — Trois jours après, collez à la *poudre anglaise.* laissez un peu d'air pendant huit jours; soutirez après clarification dans un bon fût et ajoutez le bouquet soit Pomard ou séve de Médoc. — Si le vin a une certaine valeur, ajoutez-y encore un *Rancio des vins* (voir *aux produits œnologiques*); s'il est très-corsé et coloré, donnez-lui une seconde colle, avant d'y introduire le bouquet. Un mois après l'opération, le vin est propre à être mis en bouteilles, et on peut être assuré qu'il ne se troublera ni ne déposera.

S'il s'agit de vieillir des vins durs, verts, acerbes, il faut recourir à la *désacidification.*

Si l'on avait à opérer sur des vins qui n'eussent ni acidité ni âpreté, c'est-à-dire peu chargés en acide, on obtiendrait un résultat excellent en les traitant de la manière suivante :

1 Rancio des vins (*voir aux produits œnologiques*);

1 paquet poudre n° 2.

On colle d'abord avec la poudre n° 2, et on soutire après clarification si le vin est bien limpide. Dans le cas contraire, on colle de nouveau avec la *poudre anglaise* sur la première colle; on soutire et on ajoute le *Rancio des vins.* Cette opération donne un bouquet exquis au vin et le conserve sain, frais et agréable.

Si l'on veut vieillir des vins tendres; mais peu alcooliques, on y parviendra par le moyen suivant :

3/6 Montpellier à 85 degrés..	2 litres.
Séve de Médoc (dite Saint-Julien).....................	1 flacon.
Poudre anglaise.............	25 gram.

On colle, on ajoute le 3/6 après l'avoir mélangé avec 2 litres de vin et la séve de Médoc, et on expédie ou on met en bouteilles après clarification ; mais il faut alors opérer sur des vins d'un an au moins.

Il y a encore un procédé suivi dans le Bordelais pour vieillir les vins *paysans*. Ces vins ont un arôme assez désagréable et sont fort durs. On les *vieillit* et on leur donne du bouquet en les collant et soutirant toutes les six semaines ; puis, au dernier soutirage, on y ajoute ou du vin d'Espagne ou un *bouquet de Bordeaux*.

Nous trouvons dans un ouvrage la description d'un procédé découvert par M. Ozanne, de Paris, il y a déjà plus de vingt ans. Voici comment il décrit ce système :

« Je mets dans un vase une certaine quantité de vin nouveau ; après avoir bouché ce vase, je le place dans une certaine quantité de glace, de manière à ce qu'il y soit complétement plongé, afin de faire descendre la température du vin.

» Lorsque le vin a commencé à céder son calorique, je le transvase dans un autre vase placé dans un appareil où l'on a mélangé, en quantité convenable, de la glace préparée avec du chlorure de sodium.

» Après être resté en contact immédiat avec ce mélange réfrigérant, le vin contenu dans le vase se divise en deux parties, l'une solide et l'autre liquide. »

Bouquet et arôme

Beaucoup confondent le bouquet avec l'arôme. Le mot bouquet ne s'applique qu'aux odeurs agréables, tandis que le mot arôme peut s'appliquer à toutes les odeurs bonnes ou mauvaises.

Le goût de terroir est un *arôme* qui varie suivant les localités, le bouquet est presque toujours le même, quand il est produit par le même plant, et le dégustateur le distingue toujours très-facilement, quoique mélangé d'un arôme. Le pineau franc, par exemple, qui donne les vins fins de la Bourgogne, a un bouquet délicieux qu'on retrouve partout; partout il est sensible, mais il varie d'intensité selon la maturité du raisin et du vin, selon le sol et l'exposition de la vigne, selon la manière dont le vin a été traité, etc., etc.

Tous les vins ont donc ou un bouquet, ou un arôme. Les vins sans bouquet sont des vins inférieurs dont le prix moyen ne dépasse guère 50 à 60 fr. la pièce de 230 litres, tandis que ceux qui ont du bouquet atteignent, sans transition, un prix plus que double. On comprend de suite pourquoi on cherche, non-seulement le moyen de conserver ou d'exalter le bouquet des vins, mais encore à leur en donner un artificiel.

Mais, dira-t-on, c'est tromper l'acheteur sur la nature de la chose vendue que de lui vendre un vin auquel on a donné du bouquet, puisqu'on le lui vend plus cher. Si l'on vendait ce vin comme sortant d'un crû, tandis qu'il provient d'un autre, on pourrait avoir raison : mais il est, non-seulement permis, mais très-loyal et très-marchand de vendre un vin pour ce qu'il est, et non pour ce qu'il peut être. Il ne suffit pas qu'un vin soit d'un bon crû, il faut qu'il ait toutes les qualités qu'il peut avoir. Ce serait en vain qu'on prétendrait vendre au cours un vin pur Vougeot; s'il est mauvais, il ne vaudra pas même du Mâlin de bonne qualité : donc le vin est susceptible d'acquérir ou de perdre de la valeur.

En effet, si l'on vous présentait deux vins de

mêmes crû et qualité, l'un trouble et l'autre limpide, lequel prendriez-vous? Si l'on vous offrait deux vins de même nature, l'un ayant un bouquet agréable, et l'autre un goût de terroir, de fût, ou de cuve, etc., lequel préféreriez-vous? Votre choix ne serait pas douteux, il est certain que vous préféreriez le vin limpide et celui qui serait parfumé. Pourquoi cette préférence? Parce que vous attribuez au vin limpide et au vin parfumé une plus grande valeur qu'à celui qui est trouble ou qui a un goût désagréable. On voit que toute amélioration du vin est un travail qui doit être rémunéré comme tous les autres. L'acier brut vaut 1 fr. 50 c. le kilo; converti en ressorts de montre, il vaut 1,500 fr. Le vin de Champagne vaut 25 centimes la bouteille en sortant de la cuve; quand il a été travaillé, il vaut 2 fr. 50 c.

A ceux qui nous diraient que le vin auquel on a donné du bouquet n'est plus naturel et qu'ils préfèrent celui qui n'a pas été travaillé, nous leur demanderons, puisqu'ils tiennent tant au naturel, pourquoi ils font cuire la pâte, brûler le café; pourquoi ils mettent les viandes à différentes sauces, pourquoi ils préfèrent le sucre à la cassonade, pourquoi ils ajoutent dans tous leurs aliments du sel, du poivre, etc. Il est temps que l'on ne confonde plus améliorer avec frelater; il est utile d'établir une distinction entre ces deux choses, car la confusion est préjudiciable à tous. Il ne faut pas que, sous le prétexte de ne pas faire de la fraude ou de la falsification, on nous fasse boire des vins désagréables, quand on pourrait facilement nous les rendre bons. La routine et l'ignorance n'ont pas besoin de cet épouvantail pour rester engourdies dans la vieille ornière, sans songer à en sortir. Croirait-on qu'il existe encore des localités où l'on pense qu'il est malsain ou inutile de coller le vin?

8.

L'opinion que nous émettons ici sur le bouquet artificiel des vins ne nous appartient pas exclusivement : Rozier, Chaptal, Lenoir, Cavoleau, Cadet-de-Vaux l'ont exprimée avant nous.

Lenoir a dit : « De toutes les additions que l'on » puisse faire, celle de l'arôme est celle qui chan- » ge le moins les proportions naturelles des prin- » cipes constituants du vin. Mais, dira-t-on, ce ne » sera plus du vin naturel ! On pourra répondre » par une observation dont tout le monde peut » apprécier la justesse, c'est que tout vin prend, » dans le tonneau où on le renferme, dix fois, » cent fois peut-être plus de matières extractives » du bois qu'il ne faudrait y ajouter d'une sub- » stance quelconque pour lui communiquer un » arôme très-prononcé. »

Cadet-de-Vaux, dans son *Ménage des fruits*, dit : « Tout bon vin a un bouquet, le mauvais » n'a qu'un goût de terroir. C'est la nature seule » qui fait les arômes, l'art se borne à les recueil- » lir et à les marier. Comment se fait-il que la » science ait à débattre avec le préjugé sur l'em- » ploi de ces arômes dans le vin ?... Arôme et » bouquet sont un accident dans le vin, et vrai- » ment l'art dirige beaucoup mieux ces accidents » là que la nature... Laissons les gourmets s'ex- » tasier sur les bouquets de la nature, comme » s'ils étaient autres que ceux de l'art, ou si ce » sont des bouquets composés, tâchons de les » imiter. Tout cela se réduit à flatter l'odorat et » le goût. »

Nous pourrions faire un grand nombre de citations analogues, mais celles-ci suffisent pour démontrer l'utilité des bouquets artificiels et leur parfaite innocuité. L'art de donner des bouquets aux liquides a fait d'immenses progrès depuis Cadet-de-Vaux et Lenoir ; aussi leur importance en est-elle augmentée. Dans vingt ans, peut-être moins, on ne comprendra pas comment on buvait des vins durs, acides, d'un goût détestable, quand, pour moins de 2 ou 3 fr. par pièce, on pouvait en faire une boisson saine et agréable.

On donne du bouquet aux vins à l'aide de diverses préparations telles que : le *bouquet de Pomard ou de Bourgogne*, *l'extrait de Bordeaux*, le *Rancio des vins*, *la séve de Beaune*, la *séve de Médoc ou de Saint-Julien*, la *séve de Champagne*, la *séve de Sillery* (voir aux produits œnologiques).

Leur emploi est des plus faciles ; voici en quoi il consiste :

Si le vin est limpide et propre à être expédié ou mis en bouteilles, il faut le fouetter ; mélanger le *bouquet* ou la *séve* avec un litre de vin ; verser le tout dans le fût et fouetter de nouveau comme quand on colle, puis expédier ou mettre en bouteilles huit jours après. Toutefois, ce n'est qu'après un certain espace de temps que les bouquets et séves sont bien fondus. Jusque-là, ils sont moins agréables et on les distingue facilement des séves et bouquets naturels ; tandis que plus tard, il en est tout autrement.

Si le vin n'était pas limpide, il faudrait le coller à la *poudre anglaise*, et opérer comme il vient d'être dit.

Enfin, si le vin avait besoin d'un collage et d'un soutirage, il faudrait procéder à ces deux opérations avant d'y introduire le bouquet, afin d'éviter l'évaporation du parfum qui n'est pas encore combiné au liquide,

Les *bouquets et séves* conservent le vin, lui donnent un parfum exquis et tout l'agrément d'un vin vieux de huit à neuf ans. Un grand nombre de maisons de commerce leur doivent leur fortune et leur vogue.

Si les *bouquets* sont utiles pour les vins ordinaires qui en sont privés, ils sont indispensables pour exalter celui des vins fins ou le leur rendre quand ils l'ont perdu. C'est dans ces circonstances surtout où leur importance est démontrée. En voici un exemple :

Un négociant avait quatre barriques de vin de Bordeaux qui lui avaient coûté 1,350 fr. Deux de ces barriques restèrent débondées pendant près de trois mois, avec 5 à 8 litres de vidange, et elles avaient, soit par une cause, soit par une autre, perdu entièrement leur bouquet. Il vint nous consulter en nous disant qu'on ne lui offrait que 160 fr. de chaque barrique. Nous lui conseillâmes d'avoir recours à l'extrait de Bordeaux et de l'employer comme il suit :

Eau-de-vie vieille de Cognac.	1 litre.
Extrait de Bordeaux........	1 flacon.

Mélanger les deux produits, y ajouter un litre de vin ; fouetter le vin, y verser le mélange; fouetter de nouveau, et bonder très-hermétiquement.

Il suivit exactement la formule, et six semaines après, nous goûtâmes le vin : il avait récupéré son bouquet en entier. Un mois plus tard, ce vin fut vendu 410 fr. la barrique, au lieu de 160 fr.

Alcoolisation

On est dans l'usage d'alcooliser les vins provenant de raisins n'ayant pas la quantité de sucre voulue. On alcoolise aussi les vins dans le Midi, dans le Nord et à Bordeaux quand ils sont destinés à être expédiés à l'étranger ou à faire de longs voyages. Cette addition a donc pour but de remplacer le sucre dans la vendange, ou de donner au vin la force de résister aux variations atmosphériques et surtout à l'élévation de la température dans certains climats. Cette méthode qui paraît très-simple au premier coup-d'œil, offre cependant des inconvénients assez graves dans la pratique, comme on va le voir :

1º L'alcool communique au vin son odeur *sui generis* qui s'éloigne toujours de celle du vin ;

2º Il détermine des fermentations qui font naître des corps volatils, étrangers et nombreux ;

3º Il conserve le ferment naturel du vin à l'état latent, et par conséquent prolonge la cause des maladies auxquelles les vins sont sujets.

Pour remédier autant que possible, sinon d'une manière complète à ces divers inconvénients, il faut :

1º N'employer que des alcools de vin parfaitement neutres ;

2º Mettre l'alcool dans la cuve au moment où la fermentation commence à décliner ou au moins immédiatement après l'entonnage, afin que le reste de fermentation puisse opérer la combinaison intime de toutes les parties ;

3º Ne pas dépasser 5 litres par pièce de 230 litres ; soit, au plus, deux et demi pour cent ;

4º Pour exciter une combinaison plus intime et plus parfaite, on doit ajouter un peu de vin muet, si on opère sur des vins faits et dont la fermentation est achevée.

A Bordeaux, on alcoolise tous ou presque tous les vins destinés à l'étranger, et on y ajoute quelques litres de vins forts pour compléter l'opération.

Voici le mode qui nous semble le plus parfait

pour les vins soutirés. Pour une pièce de 230 litres, prenez :

Alcool de vin à 85°, bon goût.	5 litres.
Vin d'Espagne............	10
Vin muet................	2
Extrait de Bordeaux.......	1 flacon.

Versez le tout dans le fût, agitez et fermez légèrement la bonde, pour que les écumes puissent passer, s'il arrivait que la fermentation fût vive.

ou, encore :

Alcool de vin............	5 litres.
Vin de Roussillon.........	30
Sucre ou cassonade........	1 kilog.
Extrait de Bordeaux.......	1 flacon.
Vin muet................	2 litres.

On fait chauffer à 70° centigrades 10 litres de vin, on les verse dans le fût et on agite ; on tire 3 autres litres de vin, on les fait chauffer à 60°, on y fait dissoudre le sucre et on jette le tout dans le tonneau, et on agite encore ; puis on ajoute le Roussillon et l'extrait de Bordeaux, le vin muet, on agite de nouveau et l'on bonde légèrement.

Une fermentation sourde s'établit au bout de quelques jours et la combinaison commence pour se terminer en quinze jours environ.

Les vins ainsi coupés sont solides et de garde ; ils ont du bouquet et se transportent sans inconvénients. C'est ainsi que plusieur maisons importantes d'exportation traitent leurs vins ; et elles s'en trouvent parfaitement.

Si l'on voulait opérer sur des vins de Bourgogne destinés à être transportés au loin par mer, il faudrait suivre la même marche et de plus ajouter une dose *anti-mer*, comme il sera dit plus bas. Au surplus, les vins de tous les pays peuvent s'accommoder de ce travail.

Si l'on opérait sur des vins forts, mais communs d'origine, et qu'on voulût les affiner et leur donner le bouquet des vins de Bourgogne; il faudrait employer la *séve de Beaune* et le *Rancio des vins*. — Si l'on traitait des vins forts du Lot, de l'Aude et de tout le Midi, on suivrait la même méthode en diminuant la quantité d'alcool et en augmentant un peu la dose du bouquet et du Rancio.

Si l'on avait des vins fins très-faibles, il faudrait, dans la crainte de modifier leur bouquet, opérer autrement en suivant la formule que voici :

3/6 de vin, droit en goût...	1 litre.
Eau-de-vie vieille de Cognac.	1
Rancio des vins............	1 flacon.

Et s'ils n'avaient pas assez de bouquet, y ajouter une *séve de Beaune* ou un *extrait de Bordeaux* pour le développer ou l'exalter ; en choisissant bien entendu la *séve de Beaune* pour le vin de Bourgogne ou du centre de la France, et l'*extrait de Bordeaux* pour le vin de Bordeaux ou des contrées voisines.

Transports par mer

Le traité de commerce avec l'Angleterre a

ouvert de nouveaux débouchés à nos vins ; mais il faut qu'ils soient dans des conditions telles qu'ils puissent satisfaire le goût des Anglais et qu'ils ne contiennent qu'une quantité déterminée d'alcool, pour ne pas voir s'accroître ou même doubler les droits d'entrée.

Les Anglais ont peu de sensibilité au palais ; aussi préfèrent-ils et recherchent-ils les vins forts et très-parfumés. C'est pourquoi, de tout temps, ils ont beaucoup prisé les vins d'Espagne et de Portugal, le Scherry et le Porto.

Exporter des vins faibles et sans bouquet en Angleterre serait s'exposer à des déboires certains. Ainsi, un grand nombre de négociants français ont échoué en y exportant des vins légers. La plupart de nos petits vins n'ont pas plus de force que les bières anglaises, et ces insulaires n'abandonneront pas de sitôt leur boisson nationale pour ces vins. Il est donc de toute nécessité d'approprier nos produits à la vente que nous offrent ces débouchés nouveaux. Pour cela, il faut alcooliser les petits vins, comme nous l'avons dit plus haut à l'article *Alcoolisation*, et doubler le bouquet indiqué, ou mieux, ajouter un nouveau parfum lors du départ.

Quant aux vins qui ont une force alcoolique assez grande, il faut en augmenter le parfum et exalter leur bouquet s'ils en ont. On y parviendra en opérant comme il suit :

Vins nouveaux

Poudre graduée nº 2........	35 gram.
3/6 de vin................	2 litres.
Pomard....................	1 flacon.

Collez, soutirez, ajoutez le 3/6 et le Pomard après mélange.

Pour les vins vieux, il faut opérer de la manière suivante :

Vins vieux

3/6 de Montpellier.........	2 litres
Eau-de-vie de Cognac......	1
Pomard ou extrait de Bordeaux.................	1 flacon.
Rancio	1
Poudre anglaise...........	30 gram.

Opérer comme ci-dessus.

Pour les vins de Bordeaux, il faut employer l'extrait de Bordeaux pour le vin vieux, et la sève de Beaune pour le vin nouveau.

Les vins de Bourgogne et quelques autres vins pauvres en tannin, souffrent des voyages en mer; il est alors utile de les préserver des accidents ou maladies qu'ils pourraient contracter dans cette circonstance. Pour cela, il faut recourir au traitement ci-dessus, et, de plus, ajouter une dose *anti-mer* (voir *aux produits œnologiques.*)

L'*anti-mer* a pour but de remédier au défaut de tannin, d'empêcher l'aigre, l'amertume, et de donner aux vins la force de supporter les chaleurs tropicales sans s'altérer.

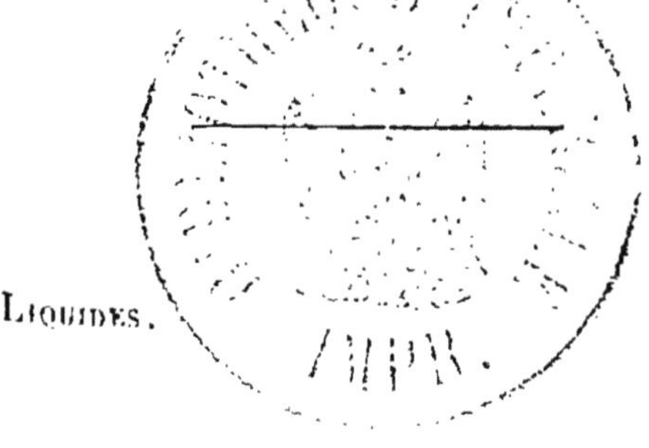

MALADIES DES VINS

Traitements.

Si les vins étaient bien soignés et bien faits, ils seraient rarement malades : toutes les maladies sont le résultat du défaut de soins ou d'une mauvaise récolte, ou d'une fabrication vicieuse.

Le symptôme de la maladie chez l'homme, c'est la fièvre; dans le vin, c'est la fermentation ou le défaut de transparence; car l'un n'existe pas sans l'autre. Tout vin trouble est malade ou en voie de l'être. Aussitôt que l'on s'aperçoit qu'un vin se trouble et entre en fermentation, il faut chercher à reconnaître quelle est la maladie qu'il charge, le surveiller, le soigner et lui appliquer un remède convenable.

L'ignorance a fait perdre tous les ans une énorme quantité de vins, en propageant ou recommandant des remèdes empiriques qui achèvent de les gâter. Il faut peu de chose pour guérir une maladie et peu de chose pour l'augmenter. Un rien, un verre d'alcool, un collage approprié, etc., suffisent pour sauver une pièce de vin; mais tout dépend de la manière d'employer ces remèdes et de les appliquer en temps utile. Un vin est gras, par exemple; un simple collage à la poudre nº 3 ou à la poudre des vins gras le guérira en quarante-huit heures; mais si vous collez ce vin avec de la gélatine, il est perdu à tout jamais. Pourquoi? Parce que dans le vin gras le tannin fait défaut ou est malade, et que la gélatine n'agissant que sur le tannin, en le précipitant, elle augmente la maladie en détruisant le seul principe qui peut la guérir, La gélatine, alors, reste en suspension, le vin se trouble, reste louche et finit par se décomposer.

Les principales maladies du vin sont l'aigre, le gras, l'amer, le poussé (absinthé), le moisi, le rance, l'évent, la perte de couleur et le dépôt.

L'aigre. — Le vin est aigre en tout ou en partie et il l'est plus ou moins. Cette maladie provient du manque de soins, soit dans la fabrication du vin, soit dans le défaut de remplissage. On prévient l'aigre dans les mauvaises années par l'alcoolisation (voir plus haut).

Si le vin est aigre en totalité et que l'acétification soit très-avancée, il n'y a aucun moyen de rendre ce vin potable : il faut en faire du vinaigre.

Si la partie supérieure du tonneau est seule aigre et que le bas du fût ne le soit pas, il faut faire sortir par la bonde la partie acétifiée, comme nous l'avons indiqué à l'article *Conservation*, au moyen d'un entonnoir à pomme; soutirer le reste du liquide dans un fût méché fortement et le coller avec la poudre anglaise. Le remplissage se fait avec du vin nouveau très-fort, et une addition d'un litre à 3 litres d'alcool.

Si la totalité du vin est aigre, sans grande intensité, on peut espérer de le rétablir, sinon entièrement, du moins en partie.

On sait que l'acide ou le vinaigre se forme aux dépens de l'alcool On doit donc remplacer l'alcool acétifié par une quantité au moins égale d'alcool. Il faut d'abord saturer l'acide formé et restituer au vin aigri l'alcool acétifié. On y parviendra en opérant comme il suit.

Pour une pièce de 230 litres, prenez :

Blanc d'Espagne............	500 gram.
Poudre des vins aigres......	1 dose.
Bouquet de Pomard........	1 flacon.
3/6 de vin................	3 litres.

Pilez le blanc d'Espagne, jetez-le dans dix litres d'eau et agitez vivement, laissez déposer, décantez ; jetez de la nouvelle eau propre et recommencez le lavage, décantez après repos et jetez le dépôt dans votre vin et agitez.

Soutirez au bout de vingt-quatre heures dans une futaille méchée fortement ; collez avec la poudre des vins aigres, et ajoutez le *Pomard* et le 3/6 après les avoir mêlés ensemble ; agitez pendant quelques secondes.

Si ce vin conservait encore quelque pointe d'acide, ou pourrait le couper avec des vins nouveaux et plus forts et s'en débarrasser promptement.

Il ne faut pas confondre les vins aigres avec les vins acides ; ceux-ci se désacidifient avec le vieillisseur des vins (voir *Vieillissement*).

Vins gras. — La graisse des vins provient d'une altération du tannin et d'une portion de ferment non décomposé. Cette assertion semble vraie ; car si on ajoute 2 à 3 kilos de sucre par pièce, il s'établit bientôt une fermention qui rétablit le vin. La graisse serait donc produite par une nouvelle fermentation qui donne naissance à une matière azotée connue sous le nom de *glaïadine* qui transformerait le sucre non décomposé en matière visqueuse et mucilagineuse. On hâte la guérison de cette maladie en mettant un kilo et demi de sucre, par hectolitre de vin, et en excitant une nouvelle fermentation avec des lies de vin fraiches, ou du tartre brut.

Si l'on ajoute 5 litres de lie fraiche par hectolitre, le vin se rétablit assez promptement; mais alors il perd son bouquet et sa couleur, et la clarification est difficile. Le meilleur moyen est d'employer la poudre des vins gras.

Pour 230 litres de vin rouge gras, prenez :

Poudre des vins gras........   1 dose.
Poudre anglaise............   25 gram.

Délayez la poudre des vins gras dans un litre d'eau et introduisez-la dans le fût après en avoir retiré 20 litres de vin, fouettez vivement et aussi longtemps que possible; faites une pâte de la poudre anglaise avec une cuillerée d'eau, ajoutez de l'eau pour en faire une bouillie, fouettez jusqu'à la mousse en continuant d'ajouter de l'eau, versez dans les 20 litres de vin et fouettez cinq minutes. Versez le tout dans le tonneau, donnez un nouveau coup de fouet et bondez légèrement pendant trois ou quatre jours.

S'il s'agit de vin blanc gras, pour éviter la coloration, prenez :

Vin gras.... ....   1 dose.
Poudre graduée n° 3........   35 gram.

Fouettez le vin, introduisez-y la dose de vin gras, fouettez de nouveau vivement. Collez avec la poudre et fouettez encore vivement et longtemps. La guérison sera complète en quelques jours.

Nous avons remarqué que les vins qui cuvent longtemps, ne deviennent que très-rarement gras. Sans doute, parce qu'étant plus longtemps en contact avec la râfle du raisin, ils

extraient une plus grande quantité de tannin ;
ce qui confirme la théorie ci-dessus.

Vin amer. — L'amertume des vins provient à
peu près des mêmes causes que celles qui produisent la graisse ; c'est-à-dire d'une fermentation anormale qui produirait parfois, de l'é-
ther citrique.

On coupe les vins amers avec des vins forts
et jeunes ; on les passe sur des lies fraîches ;
mais tous ces remèdes sont lents et onéreux.
D'ailleurs, on n'a pas toujours des vins propres
à ces coupages et dont on puisse disposer. Voici
les deux moyens qui nous ont le mieux réussi.
Pour 230 litres, prenez :

1er *procédé*. Eau................	3	litres.
Sucre................	4	kilog.
Extrait de Bordeaux.	1	flacon.
3/6................	1	litre.
Vin muet..........	2	litres.

On fait fondre le sucre dans l'eau bouillante,
on tire 20 litres de vin qu'on mélange à ce sirop
et on abaisse la température du liquide à 75 degrés ; on verse le tout dans le fût et on fouette
pour faire le mélange. On ajoute ensuite le 3/6,
le vin muet et l'extrait de Bordeaux après les
avoir mêlés.

Il s'établit une fermentation et le vin se rétablit avec la cessation de ce mouvement.

2e *procédé*. Préparation des vins		
amers............	1	dose.
Poudre n° 2........	1	paquet.
Vin muet..........	2	litres.

On mélange la préparation avec un litre

du vin amer et on agite; on verse dans le tonneau et on fouette. — On colle avec la poudre nᵒ 3 comme d'usage, et on soutire dans un fût où l'on a fait brûler un peu d'alcool (un demi-litre environ) en deux fois.

Pour éviter l'explosion, on humecte des étoupes ou du coton avec l'alcool, on introduit le tout dans le fût et on y met le feu.

On tire un excellent parti des vins amers en les mélangeant avec des vins nouveaux, ce qui les vieillit et les améliore.

Vin poussé ou absinthé. — Pour guérir les vins absinthés ou poussés, il faut procéder comme il suit :

Soutirez dans un fût méché :

Préparation pour le vin absinthé.	1 dose.
Poudre anglaise.	25 gram.

Tirez un litre de vin, mélangez avec la préparation, versez dans le fût et fouettez. — Collez avec la poudre nᵒ 4 comme d'usage.

On peut aussi mélanger ce vin avec un tiers de vin nouveau. Souvent en quelques jours la maladie se passe et le vin est complétement rétablit. Opérer en petit avant tout, pour s'assurer que le vin n'a pas une autre maladie.

Vin moisi. — Soutirez dans un fût méché. Prenez la préparation spéciale au vin moisi, collez avec la poudre et agissez comme d'usage.

Vin rance. — Soutirez dans un fût méché; délayez la préparation dans deux litres de vin, fouettez, introduisez dans le fût et ajoutez un Pomard, collez à la poudre anglaise.

Vin éventé. — Soutirez dans un fût méché, et opérez comme il suit :

3/6 bon goût..............	2 litres.
Rancio des vins...........	1 flacon.

Vin qui perd sa couleur. — Soutirez dans un fût méché, et prenez :

3/6 de vin à 85 degrés......	2 litres.
Vin de Narbonne ou vin noir de la Loire...............	15
Poudre anglaise...........	20 gram.

Mélangez le 3/6 au vin de Narbonne, introduisez dans le fût et agitez. Puis, collez à la poudre anglaise comme d'usage.

S'il s'agit de vin commun, on peut remonter la couleur comme il suit :

Teinte bordelaise..........	2 litres.
3/6.......................	1
Poudre anglaise...........	25 gram.

Vin qui dépose. — Dépotez ou soutirez rapidement si le vin est en fût pour qu'il soit le moins possible en contact avec l'air ; puis pour 230 litres prenez :

Sucre candi..............	500 gram.
3/6 de vin................	1 lit. 1/2
Poudre anglaise...........	25 gram.
Cognac vieux.............	1 litre.
Séve de Beaune...........	1 flacon.

Faites dissoudre le sucre candi dans un demi-litre d'eau bouillante, et laissez refroidir ce sirop; puis ajoutez le 3/6, et mélez; ajoutez le cognac et la séve de Beaune, mélangez et versez le tout dans le fût. — Collez, alors, à la poudre anglaise, mettez en bouteilles après clarification ou soutirez dans un bon fût légèrement méché; bondez hermétiquement.

Vin qui noircit. — Prenez :

Teinte bordelaise.............	2 litres.
Alcool........................	1
Acide tartrique...............	150 gram.
Séve de Médoc.................	1 flacon.
Poudre anglaise...............	1 paquet.

Versez la teinte dans trois litres de vin, fouettez et introduisez dans le fût; ajoutez l'alcool, l'acide tartrique après l'avoir fait dissoudre dans un demi-litre d'eau chaude, et la séve de Médoc, puis collez à la poudre anglaise.

On peut opérer aussi comme pour le vin *poussé* en le coupant avec du vin nouveau un peu vert.

DU SOUFRAGE DES VINS.

Le soufrage est une opération qui se pratique en faisant brûler un morceau de toile imprégnée de soufre, soit dans un fût vide, soit dans un fût plein en partie. Tout le monde connaissant la manière d'opérer, nous ne l'indiquerons pas autrement qu'en disant qu'on accroche à un fil-de-fer, une partie de mèche soufrée (5 centimètres de longueur environ), qu'on l'enflamme et l'introduit par la bonde qu'on ferme hermétiquement jusqu'à combustion.

But du soufrage

Le soufre en combustion absorbe l'oxygène et produit le gaz acide sulfureux, ce qui modifie profondément l'air atmosphérique contenu dans les fûts.

On sait que l'oxygène est le principe destructeur universel. C'est lui qui développe la fermentation alcoolique dans le moût de raisin ; qui, poursuivant son action décomposante et destructive, reprend l'alcool tout formé et y développe la fermentation acéteuse et le convertit en vinaigre qui, à son tour, est décomposé par la fermentation putride, également suscitée par l'oxygène.

Le but du soufrage est donc de désoxygéner l'air contenu dans les tonneaux, et de remplacer l'oxygène soustrait par du gaz acide sulfureux.

Effet du soufrage

En mettant du vin dans un fût méché ou soufré, l'acide sulfureux enlève à ce vin l'oxygène qu'il a absorbé pendant le soutirage. Si le vin enfûté contient du ferment non décomposé, ce ferment se trouve privé d'oxygène et il perd la propriété d'exciter la fermentation, tant qu'on ne l'expose pas au contact de l'air.

Si l'on met du vin dont la fermentation n'est pas achevée, dans des fûts soufrés, la fermentation se trouve retardée. — Il en est ainsi du moût que l'on veut conserver doux (voir *vin muet*).

Toutes les fois qu'un mouvement de fermentation se déclare intempestivement dans du vin, c'est-à-dire quand on n'a pas cherché à l'exciter soit par des additions de sucre, de vin muet, soit par des coupages, il faut s'empresser de le soutirer dans un fût méché, afin de prévenir les accidents qui peuvent en résulter (voir *Maladies des vins*).

Indépendamment de l'action que le soufrage exerce sur les vins, il concourt à la conservation des tonneaux. Un fût lavé, séché et soufré, se conserve sain des années entières, pourvu qu'on ait le soin de le loger dans un endroit aéré et sec.

Le soufrage n'est cependant pas dépourvu d'inconvénients. Il décolore les vins rouges, ce qui est un désavantage pour ceux qui ne sont pas trop colorés, et ceux-ci sont les plus nombreux.

Un autre inconvénient du soufrage, c'est qu'il communique aux vins une odeur qui les fait repousser de la consommation dans certaines localités. Cette odeur est due à la présence du gaz acide sulfureux dont le vin est imprégné.

Quand on veut dépouiller le vin de cette mauvaise odeur, qui disparaît naturellement en l'espace d'un à deux ans, on soutire dans un fût frais de lie et on colle. La poudre anglaise est fort utile dans ce cas.

Le soutirage dans un fût non soufré a un double but, le premier de faire cesser l'action du gaz acide sulfureux s'il en reste encore dans les pores du bois ; le second d'exposer le vin au contact de l'air et de favoriser le dégagement du gaz.

Du vin qui conserverait encore trop d'odeur pourrait la perdre entièrement en y suscitant une nouvelle fermentation à l'aide du vin muet, ou d'un coupage approprié.

DÉGUSTATION.

La dégustation a pour but de distinguer, reconnaître et apprécier les qualités du vin.

Tout bon vin est d'une couleur franche ; toute nuance douteuse, variable ou fausse, est l'indice certain que le vin est d'une qualité inférieure, et si à cela se joint le défaut de transparence, c'est qu'il est malade ou sur le point de le devenir.

L'odeur du vin indique s'il est agréablement ou désagréablement parfumé ; elle sert quelquefois aussi à faire reconnaître le mauvais état des futailles dans lesquelles on l'a logé ; son bouquet et quelque peu son âge, car tout vin nouveau sent le raisin ou la râfle plus ou moins ; puis, les vapeurs qui s'élèvent du vin quand on tient le verre à la main, entraînent avec elles des principes volatils facilement appréciables par celui qui a l'habitude de la dégustation. L'odeur du vin peut également faire reconnaître quand il subit la fermentation, quand il s'aigrit, etc.

Quoiqu'il en soit, il n'y a que la dégustation par la bouche qui puisse donner une appréciation exacte des qualités du vin. Il n'est pas dû à tout le monde de bien déguster ; mais on peut plus ou moins posséder cette science qui est relative à la sensibilité des parois qui tapissent la bouche et à celles des papilles de la langue.

Pour bien déguster, il faut :

1° Humer un peu de vin, en tenant la tête penchée en avant, et le tenir sur la pointe de la langue, qu'on rapproche du palais en aspirant très-légèrement ; on perçoit alors les diverses saveurs sucrées, acides, astringentes ou styptiques ;

2° On relève la tête et on chasse le vin à l'arrière-bouche où on le retient par une sorte de mouvement de gargarisme insensible ; on perçoit dans cette position, les goûts de fût, de terroir de bouchon, l'amertume et la fadeur constitutionnelles ou accidentelles du vin ; sa force ou sa faiblesse alcooliques ;

3º On avale le vin qui, en descendant dans l'œsophage, subit une vaporisation qui porte aux voûtes du palais, aux fosses nasales, des odeurs nouvelles, et produit la sensation qu'on désigne sous le nom de *déboire*, si ce vin a un arrière-goût désagréable.

Pour bien percevoir les arômes, les bouquets et sèves, il ne faut pas laisser séjourner le vin trop longtemps dans la bouche ; car on fatigue les papilles de la langue et les sensations s'émoussent. Il ne faut pas, non plus, tenir la bouche fermée après que l'on a bu le liquide, mais, au contraire, opérer un mouvement de déglutition et mâcher comme si l'on mangeait, afin de stimuler les papilles de la langue et exalter les odeurs et les saveurs : sans cette précaution, elles seraient nulles ou sensiblement amoindries.

Le dégustateur expert a bien vite fait d'apprécier les qualités du vin qu'il déguste ; c'est sur l'ensemble de toutes ces sensations qu'il asseoit son jugement. Avec un peu d'habitude on acquiert assez rapidement la science de la dégustation ; mais il faut être doué d'une grande sensibilité dans les organes qui concourent à cette œuvre ; autrement on ne peut apprécier et juger que les impressions qu'on éprouve, et il y a telles odeurs qu'on ne sent pas, telles saveurs qu'on ne peut percevoir, par suite d'un vice d'organisation ou d'une cause passagère.

En général, on est impropre à déguster quand on vient de fumer ou de boire des liqueurs, de manger des aliments trop salés ou acides.

La dégustation a pour but de reconnaître les qualités du vin, avons-nous dit. Pour exprimer les impressions produites sur les organes dégustateurs, on emploie un langage spécial, des termes techniques dont la signification peut être interprétée de plusieurs manières ; il est donc indispensable de s'entendre, avant tout, sur la valeur des mots le plus en usage et surtout sur les plus appropriés et les plus expressifs.

Acerbe. — Le vin acerbe provient des mauvais cépages, de raisins mal mûris ; il produit une sensation désagréable, contracte les lèvres, les parois de la bouche et les papilles de la langue.

Amer. — Ce vin a une saveur rude et désagréable à la langue et au palais ; il affecte notamment la partie postérieure de la bouche et de la langue, et cette impression dure longtemps après que le vin est passé.

Apre. — Vin dur qui contracte les lèvres et la bouche à l'imitation du suc des fruits verts.

Arôme. — Goût de terroir plus ou moins désagréable qui persiste après que la liqueur est bue ; il est dû au mauvais cépage, aux mauvaises expositions, à la mauvaise manière de faire et de gouverner le vin, à l'abondance des engrais et au mode de culture.

Astringent. — Qui resserre la bouche et contracte les lèvres (voir *âpre*).

Bouquet. — Odeur agréable qui s'exhale du vin quand on le met en contact avec l'air : c'est le contraire d'arôme. Le bouquet a beaucoup d'analogie avec la *séve*.

Corsé. — Le vin corsé est celui qui se sent à la bouche, qui a une certaine consistance, de la force alcoolique, qui est *vineux*, *charnu*, chaud plutôt que froid, liquoreux plutôt que sec.

Charnu. — Vin qui a de la consistance, pâteux et épais.

Chaud. — Vin alcoolique qui communique de la chaleur aux organes de la dégustation et même à l'estomac quand il est bu. Il produit en petit l'effet que l'on ressent quand on vient de boire de l'eau-de-vie.

Coloré. — Qui a beaucoup de couleur.

Délicat. — Vin qui est d'une constitution parfaite, dont toutes les parties sont bien combinées entre elles, et qui ne produit que des impressions agréables à la dégustation.

Ferme. — Qui a du *nerf*, du corps, de la force, et qui n'a pas acquis sa maturité.

Finesse. — Vin léger et délicat, qu'il appartienne aux grands vins ou aux vins ordinaires. Vin sans mordant, sans âpreté et dépourvu de tout arôme ou goût de terroir.

Fort. — Vin très-spiritueux, chaud et corsé, généralement un peu épais.

Généreux. — Vin qui possède toutes les bonnes qualités possibles, et où toutes les parties sont en bonne harmonie, qu'il soit commun ou fin, aromatique ou séveux.

Léger. — Vin agréable, modérément spiritueux et coloré, mais suffisamment vineux; plutôt sec que liquoreux.

Liquoreux. — Vin légèrement sucré et alcoolique, rappelant plutôt la douceur de la liqueur que l'âpreté du vin sec. C'est le contraire de vin sec, *vif*.

Mâche. — Vin pâteux, épais, consistant, qui remplit la bouche.

Moelleux. — Vin légèrement liquoreux : c'est le contraire des vins secs, acerbes et âpres. Ce vin est coulant; il ne dessèche ni ne contracte la bouche.

Mordant. — Vin qui possède la propriété de

transmettre son goût et ses qualités aux autres vins avec lesquels on le mélange.

Nerveux. — Vin à la fois spiritueux et corsé, d'une constitution solide; ce vin brave les transports et les intempéries.

Pâteux. — Vin épais qui remplit la bouche et produit de l'altération comme le fait le sucre ou le sirop.

Piquant. — Vin vif, légèrement acerbe et qui a un peu d'âpreté. Vin sec et ordinairement léger. — On dit aussi qu'un vin pique quand il s'aigrit ou tourne au vinaigre.

Plat. — Vin sans vinosité, sans force, sans qualités aucunes et sans caractère.

Savoureux. — Vin qui a une bonne séve, qui est moelleux et suffisamment corsé.

Sec. — Vin légèrement âpre, un peu piquant; c'est le contraire du vin liquoreux, moelleux et corsé.

Séve. — Vin qui a du bouquet, une certaine force vineuse, dont le parfum, qui se développe lors de la dégustation, embaume la bouche et se fait encore sentir après que la liqueur est bue. La séve n'est autre chose que le *bouquet*; seulement, à proprement dire, le bouquet s'applique plutôt au dégagement du parfum qui s'exhale du vin et qui affecte l'odorat. On les confond souvent.

Velouté. — Qui flatte le palais et produit une sensation douce et agréable à la bouche et à la langue. Synonyme de moelleux, quoique indiquant des qualités supérieures et plus délicates.

Vif. — Vin léger, peu moelleux, un peu âpre sans être piquant. C'est le contraire de liquoreux.

Vineux. — Vin qui a de la force, du goût et qui est très-spiritueux ou fortement alcoolique.

Caractères particuliers des vins

Nous allons essayer de définir, à l'aide des termes techniques que nous venons de passer en revue, les caractères particuliers aux vins des principaux crûs. Chacun des crûs que nous allons citer produit une grande variété de vins dont quelques-uns s'éloignent de la définition que nous en donnons ; mais cette appréciation n'en reste pas moins vraie et à peu près exacte pour les types, et nous pensons qu'une personne complétement étrangère à la dégustation arrivera rapidement à reconnaître et à classer les vins en suivant nos données, surtout si elle possède un palais sensible et *juste* ; car, de même qu'il faut avoir l'oreille juste pour être musicien, de même il faut avoir le goût droit et *juste* pour être dégustateur.

Bordeaux fin. — Vin nerveux, froid, sec, astringent, coloré, vineux, ferme quand il est nouveau ; moelleux, velouté, délicat, parfumé, d'un bouquet agréable, d'une bonne séve quand il est vieux.

Bordeaux ordinaire. — Vin sec, acerbe, astringent, coloré, violet, ferme, vineux, sans parfum et sans arôme, séve nulle. Ce vin est d'une maturité lente et reste toujours peu délicat et peu agréable à boire.

Bourgogne fin. — Vin corsé, vineux, fin, délicat, moelleux, savoureux, généreux. Il possède un bouquet très-riche et très-agréable ; vermeil, d'une séve vigoureuse et persistante ; spiritueux, coloré, exquis.

Bourgogne ordinaire. — Vin très-ferme, un peu âpre, peu aromatique, coloré, corsé; passablement vineux, bouquet léger, séve faible. Les vins de la Basse-Bourgogne sont froids, secs, vifs, peu corsés, peu spiritueux, de séve et de bouquet nuls.

Champagne rouge. — Vin léger, peu coloré, un peu ferme; délicat, d'un bouquet agréable, mais peu prononcé, d'une séve délicate; mais peu persistante. Peu vineux et peu astringent; il est d'une garde difficile. Il se conserve cinq ou six ans au pays; mais si on le transporte à quelque distance il s'altère et dure très-peu.

Champagne blanc. — Mêmes qualités que le vin rouge; le bouquet est un peu plus fin et la séve plus délicate; il manque de corps et d'alcool.

Narbonne. — Vin charnu, chaud, liquoreux, ayant de la mâche; coloré, pâteux, fort, indigeste, bouquet presque nul; séve particulière assez agréable quand le vin est bien dépouillé, vigoureuse et un peu amère quand il est vieux.

Roussillon. — Vin épais, ayant de la mâche; alcoolique, fort, coloré, chaud, charnu, lourd, violet, arôme particulier, bouquet nul; séve vigoureuse quand il est vieux, amère et persistante.

Rhône. — Corsé, vineux, chaud, spiritueux, bouquet léger, séve faible assez délicate; coloré, nerveux, âpre quand il est nouveau; savoureux et un peu charnu.

Riceys fins. — Vin peu connu et qui mérite de l'être : moins coloré, moins corsé que le Bourgogne, il est agréablement parfumé; son bouquet est délicat, fin, sa séve exquise, mais faible. On lui reproche d'être très-capiteux parce que son alcool se volatilise promptement. Moins savoureux et moins généreux que les Haut-Bourgogne.

Riceys ordinaires. — Comme ordinaires de Riceys on vend les vins de Loches, Essoyes, Landreville, etc. Ces vins sont âpres, fermes, légèrement colorés; ils ont un arôme qui les distingue facilement des Riceys et des Bourgognes. — Froids, peu spiritueux et peu généreux. Ces vins sont violets; chargés de tartre et manquent de finesse. Ils ont cependant du nerf et pourraient être bons si on savait les dépouiller et les travailler. Ils ont de l'analogie avec les Bordeaux communs; bouquet et sève nuls.

Seine-et-Oise et Nord. — Vins vifs, mordants, acerbes, plats, âpres, durs, chargés de tartre en excès; piquants parfois, peu colorés; ils n'ont ni bouquet, ni sève, ni vinosité, mais en revanche un arôme détestable très-prononcé et très-persistant; sans mâche et sans moelleux. Ces vins servent à faire des coupages plutôt qu'à l'alimentation; il n'y a guère que les habitants du pays qui les consomment en nature.

Vin d'Alsace. — Vin sec, léger, peu corsé, peu spiritueux, bouquet faible, délicat, mais fugace, sève légère, peu prononcée, et peu durable.

Vins du Midi. — Tous les vins du Midi se rapprochent plus ou moins des Narbonne et des Roussillon. — Mais, en général, ils sont moins pâteux, moins lourds, moins colorés et un peu moins chauds.

Vin du château du pape (près Avignon). — Vin corsé, alcoolique, vermeil, bouquet faible, comme dans tous les vins très-alcooliques. Sève moelleuse et délicate, persistante et parfumée. Ce vin demande à vieillir en bouteilles et non en fût. — On le dépote s'il devient louche ou s'il dépose; on le colle et on le remet en bouteilles après clarification.

Vin blanc d'Alsace :

1834. Bouquet prononcé décelant un peu d'amertume; séve vigoureuse, amère, rappelant celle des Roussillon vieux.

1856. Bouquet faible, séve légère, vin délicat, peu corsé, goût de pierre à fusil, bouquet fugace.

Le bouquet et la séve se développent plus ou moins rapidement à la dégustation et durent plus ou moins longtemps : les uns, comme le Riceys, produisent leur séve instantanément; les autres, comme les vins du Midi, ne la laissent percevoir que longtemps après que le vin est bu. Chez les uns, la séve persiste longtemps, chez les autres, elle passe rapidement : enfin elle a plus ou moins d'intensité, etc., etc. Voici le résultat de quelques expériences faites sur des vins de deux et trois ans.

Ordre de la perception du bouquet et de la séve

1° Riceys; 2° Champagne rouge; 3° Bourgogne; 4° Bordeaux; 5° Rhône; 6° tous les vins du Midi, Roussillon, Narbonne, etc.

Vigueur et force de la séve et du bouquet. 1° Bourgogne; 2° Rhône; 3° Bordeaux; 4° Champagne; 5° Midi; 6° Riceys.

Durée de la séve et du bouquet. — 1° Bourgogne; 2° Champagne; 3° Bordeaux; 4° Rhône; 5° Midi; 6° Riceys.

Finesse et délicatesse de la séve. — 1° Bourgogne; 2° Bordeaux; 3° Riceys; 4° Champagne; 5° Rhône; 6° Midi.

Fraîcheur de la séve. — 1° Champagne; 2° Bordeaux; 3° Riceys; 4° Bourgogne; 5° Rhône; 6° Midi.

Force alcoolique des vins. — 1° Midi; 2° Rhône; 3° Bordeaux; 4° Bourgogne; 5° Champagne; 6° Riceys.

Nous avons voulu nous rendre compte de l'espace de temps que duraient certaines sensations produites à la dégustation par les arômes, séves et bouquets, et de l'instant auquel ils devenaient sensibles. Voici le résultat de ces expériences :

La perception a lieu dans l'espace de trois secondes et dans l'ordre indiqué ci-dessus; dans le Riceys, elle est instantanée; puis viennent ensuite et rapidement le Champagne, le Bourgogne, etc., successivement.

La durée, à partir du passage de la liqueur, est comme il suit : vins du Midi 10 à 12 secondes, Rhône 14 à 16, Champagne 15, Riceys 16, Bordeaux 17 à 19, Bourgogne 19 à 22. — 7 à 8 secondes plus tard, toute perception est éteinte.

Les arômes exercent une impression beaucoup plus longue : les mauvais goûts persistent plus longtemps que les bons.

L'arôme du vin d'Argenteuil et des environs de Paris, de la récolte de 1859, durait d'une manière désagréable pendant 30 à 35 secondes. Nous avons bu des vins de Villedieu, Vertaut, Béchineuil, dont l'arôme persistait pendant 55 à 60 secondes.

Indépendamment des séves, bouquets et arômes, il y a encore l'astringence, cette sensation de contraction qu'on éprouve quand les vins ne sont pas mûrs. Elle ne dure que quelques secondes dans les vins fins et n'a pas beaucoup d'intensité, mais dans les vins du Nord, elle contracte violemment les parois de la bouche et même de la gorge, surtout quand le raisin n'a pas acquis une maturité passable.

Le vin d'Argenteuil de 1859 qui est une année exceptionnelle, malgré ses qualités *extraordinaires*, contractait les lèvres, les parois de la bouche pendant 100 à 110 secondes et les papilles de la langue d'une manière très-sensible pendant 80 à 85 secondes.

Quant aux mauvais goûts, ils ont différentes manières de se manifester; tantôt ils se montrent dès l'introduction du liquide dans la bouche, tantôt ce n'est que plusieurs secondes après le passage de la liqueur qu'on les perçoit; dans ce dernier cas, on les nomme *déboire*.

Ainsi, certains goûts de moisi ne se perçoivent que 7 à 8 secondes après le passage du vin et persistent pendant 100 à 140 secondes. Le goût de rance n'est souvent sensible qu'après 10 ou 15 secondes, et il persiste pendant 50 à 65 secondes. Nous avons dégusté du vin amer dont l'amertume n'était sensible que 4 à 5 secondes après le passage à la bouche et persistait pendant 230 secondes.

Nous avons dégusté du cassis qui avait un goût de *poussier*. Ce goût ne se manifestait que 12 à 14 secondes après le passage de la liqueur et durait ensuite pendant 40 à 45 secondes.

Dans quelques recherches faites dans l'intention de découvrir par la simple dégustation le mélange des 3/6 d'industrie et notamment le 3/6 de betterave, dans les eaux-de-vie de vin, nous avons trouvé que le goût de ces alcools était couvert plus ou moins longtemps, selon le degré de parfum naturel des eaux-de-vie; mais il se découvrait toujours après un espace de temps qui varie de 20 à 25 secondes, quelle que soit la quantité mélangée. Nous l'avons découvert ainsi dans l'eau-de-vie de Montpellier très-parfumée; dans des eaux-de-vie de Saintonge même de mauvaise qualité; dans des eaux-de-vie de cidre, dans du genièvre et de l'absinthe.

On découvre les 3/6 d'industrie très-facilement aussi dans les liqueurs sucrées. Voici à quels instants ils nous ont apparu dans diverses expériences.

Cassis bon goût. — Le Nord se découvre à partir de 40 secondes après le passage de la liqueur, et il persiste pendant 22 à 25 secondes.

Anisette commune. — Après 30 secondes, durée 35 secondes.

Anisette fine. — Après 40 secondes, durée 22 secondes.

Curaçao. — Après 32 secondes; durée 23 secondes.

Chartreuse imitée. — Après 35 secondes, durée 28 secondes.

Eau-de-vie d'Andaye. — Après 29 secondes, durée 22 secondes.

Huile de roses. — Après 25 secondes, durée 30 secondes.

Raspail. — Après 43 secondes, durée 20 secondes.

Il résulte de ces expériences que l'arrière-goût du Nord (alcool de betterave), se découvre aussitôt que le parfum est passé et qu'il dure de 22 à 40 secondes : en d'autres termes, plutôt le parfum de la liqueur disparaît, plus la durée de l'arôme de ce 3/6 est longue.

Nous avons dégusté du Nord fin et nous avons trouvé que le goût *sui generis* de cette liqueur mouillée à 46°, se percevait 2 ou 3 secondes après le passage du liquide et durait ensuite de 60 à 75 secondes, selon la qualité.

Donc, pour que le 3/6 Nord ne se découvrît pas à la dégustation, il faudrait que le parfum des liqueurs, le bouquet et la séve naturels des vins et eaux-de-vie auxquels il est mélangé durassent au moins 60 secondes; c'est-à-dire le temps nécessaire pour qu'il fut éteint. Or, aucun vin, aucune liqueur, aucune eau-de-vie ne se trouvent dans ce cas. Donc, à la simple dégustation, il est facile de reconnaître la présence des 3/6 de betteraves, par l'infection qu'ils introduisent dans les liquides auxquels ils sont mélangés.

Nous ne poursuivrons pas plus loin ce travail; on comprendra facilement qu'on peut le pousser à l'infini; mais ces données sont des bases suffisantes pour guider le dégustateur dans cette voie. On comprendra aisément aussi, que certains détails sont sujets à varier en raison de l'âge et de la nature des vins. On sait que plus le vin est nouveau, plus son bouquet est couvert par les matières dont il n'est pas encore dépouillé. Les arômes sont plus ou moins intenses, selon les causes qui les ont fait naître, et selon la puissance de ces causes. Les engrais plus ou moins abondants, plus ou moins nauséabonds, sont des causes qui varient de puissance et d'effets selon le plus ou le moins, selon la saison où ils ont été appliqués et la manière dont ils l'ont été, etc., etc. Il en est de même pour les alcools et les eaux-de-vie, selon la manière dont il ont été fabriqués, rectifiés ou logés;

selon la durée de la fermentation, la manière dont elle a été dirigée, la qualité ou le choix des matières premières, etc., etc.

IMITATION
DES VINS DES DIVERS CRUS

La faveur qu'ont obtenue les vins de Bourgogne, de Bordeaux, de Mâcon, de Chablis, de Champagne et autres, a tenté la cupidité des marchands, les a poussés à l'imitation, et bien leur en a pris ; car ces négociants sont parvenus à écouler des vins qui n'entraient pas ou peu dans la consommation.

Les villes qui excellent dans l'art de l'imitation sont : Cette, Bordeaux, Marseille, Lunel, Montpellier, et beaucoup d'autres villes et pays du midi. Il n'est pas rare, dit-on, de voir en traversant ces localités des enseignes de la nature de celles-ci : *Fabrique de vin de Bordeaux*, *Fabrique de vin de Bourgogne*, *de Champagne*, *Fabrique de vin d'Espagne*, etc. On y rencontre aussi celle-ci : *Fabrique de cognac, de rhum*, etc. A part l'enseigne, la fabrication est avouée, avouable, et connue même assez avantageusement.

Ces sortes de fabriques se chargent ordinairement de faire toutes sortes de vins *sur commandes*, et elles parviennent, parfois, à produire d'assez bons vins d'imitation, mais qui n'ont pas toujours une analogie parfaite avec les types qu'ils représentent. Cela leur importe peu, car ces produits trouvent un placement facile, et c'est ce qu'il importe à ce commerce. Ces vins sont, surtout, destinés à l'exportation et à alimenter la vente des débitants ; il y a un vieil adage que l'on peut invoquer ici bien à propos : « *Il y a plus d'acheteurs que de connaisseurs.* » Aussi, et en raison du bon marché, ces produits trouvent un écoulement rapide, et on y est tellement habitué que souvent on les préfère aux produits naturels.

Cette fabrication étant devenue un commerce considérable, ayant du reste son côté utile, nous allons faire connaître les diverses manières de l'opérer. Ce procédé consiste soit dans le mélange de différents vins, soit dans l'addition de diverses parfums. On comprend qu'il nous est impossible de décrire toutes les formules ; mais nous allons indiquer les principales.

Comme il y a différents vins, il y a différentes manière de procéder ; car il faut tenir compte du prix de vente : il est évident que le vin qui se vend 100 francs l'hectolitre n'est pas le même que celui qu'on vend 50 francs.

Premier procédé. — VINS FORTS.

Bordeaux

Vin rouge du midi, Roussillon
   ou Narbonne. . . . . 60 litres.
Vin blanc de bonne qualité. . . 25
Vin vieux d'Alicante rouge. . 12
Vin vieux de Malaga. 3
                                   ————
                                 100 litres.

Agitez pour opérer le mélange, laissez en repos pendant quinze jours, et collez à la poudre anglaise.

Une fermentation sourde s'opère insensiblement et la combinaison se fait. On soutire après clarification.

Beaune ou Bourgogne

Vin rouge du midi (*Roussillon ou Narbonne*)............	55 litres.
Vin blanc...................	25
Vin vieux d'Alicante rouge..	10
Vin vieux de Xérès.........	5
Vin noir de Narbonne......	5
	100 litres.

Opérez comme ci-dessus.

Mâcon vieux

Vin rouge du midi, bon ordinaire................	50 litres.
Vin de Narbonne..........	15
Vin blanc................	20
Vin d'Alicante rouge........	15
	100 litres.

Opérez comme ci-dessus.

Vougeot

Vin rouge vieux (*Narbonne ou Roussillon*)............	75 litres.
Alicante rouge............	10
Xérès....................	5
Malaga...................	5
Madère...................	5
	100 litres,

Chambertin

Vin rouge vieux (*Roussillon ou Narbonne*)............	65 litres.
Vin blanc.....	15
Madère...................	10
Xérès...................	5
Malaga...................	5
	100 litres.

Opérez comme ci-dessus.

Château-Margaux

Vin vieux de Narbonne.....	47 litres.
Vin blanc léger...........	20
Xérès.............	10
Alicante rouge........	20
Malaga...................	3
	100 litres.

Opérez comme ci-dessus.

Sauterne

Vin blanc vieux...............	55 litres.
Vin blanc sec...............	25
Xérès...................	10
Madère...................	10
	100 litres.

Opérez comme ci-dessus.

Graves

Vin blanc..................	65 litres.
Vin blanc sec et léger......	20
Madère...................	10
Xérès....................	5
	100 litres.

Opérez comme ci-dessus.

Tous les vins employés dans cette fabrication sont des vins très-corsés ; comme nous l'avons dit, le résultat en est bon ; mais ces vins ont le défaut d'être trop forts et trop alcooliques.

Deuxième procédé. — VINS MOYENS.

Dans ce second procédé, on n'emploie que des vins de moyenne force alcoolique, et pour restreindre l'usage des vins d'Espagne qui coûtent fort cher ; on se sert de bouquets factices, de telle sorte que ces vins reviennent à un prix beaucoup moindre que les précédents. — En les coupant avec ceux fabriqués par le premier procédé, on obtient une sorte intermédiaire de bonne qualité.

Bordeaux

Vin rouge du midi, ordinaire.	70 litres.
Narbonne...................	25
Malaga....................	5
Extrait de Bordeaux, 1 flacon.	
	100 litres.

Opérez comme ci-dessus.

Agitez le coupage pour bien mêler, introduisez l'extrait, laissez reposer 15 jours et collez.

Beaune ou Bourgogne

Vin rouge du midi.........	60 litres.
Vin blanc léger............	25
Vin de Narbonne.	10
Vin de Malaga ou d'Alicante.	5
Bouquet de Pomard, 1/2 flac.	
	100 litres..

Opérez comme ci-dessus.

Mâcon vieux

Vin rouge ordinaire........	60 litres.
Vin blanc.................	20
Vin de Roussillon..........	16
Vin de Malaga............	4
Bouquet de Pomard , 1/2 flac.	
	100 litres.

Opérez comme ci-dessus.

Vougeot

Vin bon et vieux (*Roussillon ou Narbonne*)............	65 litres.
Vin blanc.................	25
Alicante rouge............	6
Malaga..................	4
Séve de Beaune, 1/2 flacon..	
	100 litres.

Opérez comme ci-dessus.

Chambertin

Roussillon vieux............	30	litres.
Vin rouge bonne qualité....	45	
Vin blanc..................	15	
Alicante rouge.............	10	
Séve de Beaune, 1/2·flacon..		
	100	litres.

Opérez comme ci-dessus.

Château-Margaux

Vin vieux de Narbonne.....	20	litres.
Vin rouge ordinaire........	60	
Vin blanc.................	15	
Alicante..................	5	
Séve de Beaune, 1/2 flacon..		
	100	litres.

Opérez comme ci-dessus.

Sauterne

Vin blanc ordinaire........	80	litres.
Vin du midi assez corsé.....	15	
Xérès....................	5	
Rhum, 1 verre.		
Séve des vins blancs vieux, 1/2 flacon.		
	100	litres.

Opérez comme ci-dessus.
Ou encore :

Vin blanc...................   85 litres.
Vin cuit...................   13
Alcool à 85 degrés.........   2
Séve des vins blancs, 1/2
flacon.

                          100 litres.

Opérez comme ci-dessus.

Graves

Vin blanc ordinaire.........   80 litres.
Vin blanc du midi, fort.....   15
Madère......................   5
Rhum, 1 verre...............
Séve de champagne, 1/2
flacon.

                          100 litres.

Opérez comme ci-dessus.
Ou encore :

Vin blanc vieux.............   88 litres.
Vin cuit....................   10
3/6 Montpellier.............   2
Séve de champagne, 1/2 flacon

                          100 litres.

Troisième procédé. — Vins faibles.

Dans ce troisième procédé, on n'emploie que des vins faibles. Les vins d'Espagne n'entrent pas dans cette fabrication, mais on fait des additions d'alcool, etc. On peut encore couper les vins produits par ce travail avec les n°s 2 et 1, dans des proportions variables, ce qui donne des composés à l'infini.

Bordeaux

Vin rouge ordinaire. . . . .   81 litres.
Roussillon ou Narbonne.   15
Eau-de-vie vieille.   4
Extrait de Bordeaux, 1/2
flacon.

                                 ____
                                 100 litres.

Introduisez le tout dans le fût, agitez pour mélanger, laissez reposer 10 à 15 jours, et collez à la poudre anglaise.

Mâcon-vieux

Vin rouge. . . . .   60 litres.
Vin blanc.   25
Narbonne. . . ·   10
Eau-de-vie vieille.   5
Pomard, 1/2 flacon.

                                 ____
                                 100 litres.

Opérez comme ci-dessus.

Beaune

Vin rouge ordinaire. . . . .   60 litres.
Vin blanc.   15
Narbonne.   20
Eau-de-vie vieille.   5
Kirsch, 1 verre.
Pomard, 1/2 flacon.

                                 ____
                                 100 litres.

Opérez comme ci-dessus.

Vougeot

Vin rouge vieux..................	65 litres.
Narbonne ou Roussillon.....	18
Vin blanc vieux..............	12
Eau-de-vie vieille de Cognac.	3
Ratafia de cerises..........	1
Rhum.....................	1/2
Kirsch...................	1/2
Séve de Beaune, 1/2 flacon.	
	100 litres.

Opérez comme ci-dessus.

Chambertin

Vin rouge.................	75 litres.
Roussillon................	20
Eau-de-vie de Cognac......	4
Ratafia de merises.........	1/2
Kirsch.	1/4
Rhum....................	1/4
Séve de Beaune, 1/2 flacon.	
	100 litres.

Château-Margaux

Vin rouge vieux............	61 litres.
Narbonne..................	25
Vin blanc sec.............	10
Eau-de-vie vieille de Cognac.	3
Rhum.....................	1/2
Kirsch...................	1/2
Extrait de Bordeaux, 1/2 flacon.	
	100 litres.

Opérez comme ci-dessus.

Sauterne

Vin blanc..................	80 litres.
Sirop de raisin.............	3
Vin muet...................	2
Vin blanc de Picpoul........	11
Eau-de-vie de Cognac......	4
Rhum, 1 verre.	
Séve de vin blanc vieux, 1/2 flacon.	
	100 litres.

Opérez comme ci-dessus.

Graves

Vin blanc..................	79 litres.
Sirop de raisin.............	3
Vin muet...................	2
Vin de Picardan sec.........	12
Eau-de-vie de Cognac......	4
Kirsch, 1 verre.	
Séve de Champagne, 1/2 flacon.	
	100 litres.

Opérez comme ci-dessus.

Ces vins reviennent à un prix beaucoup plus que les autres, tant en raison de ce qu'ils sont fabriqués sans le secours des vins d'Espagne, que parce que les vins qui les composent sont inférieurs. Cependant, il faut apporter un grand choix dans les sortes employées, et se bien garder de se servir de vins qui ont des goûts de terroir par trop prononcés. — Si l'on était obligé de recourir à ces vins, il ne faudrait les employer qu'en petite quantité et après, toutefois, les avoir collés avec 1 gramme par litre de poudre n° 4.

Il y a encore un moyen d'imiter les vins des différents crûs, c'est à l'aide des *vins-mères*. Ces vins sont un composé de divers parfums que l'on ajoute à du vin coupé convenablement; c'est-à-dire selon les formules du n° 3. Ainsi, si l'on veut faire du Bordeaux, on prend :

Vin rouge ordinaire........	95 litres.
Eau-de-vie vieille..........	3
Vin-mère de Bordeaux......	1
Poudre anglaise...........	30 gram.

Versez le vin-mère dans l'eau-de-vie, agitez pour mélanger; versez le tout dans le fût et collez avec la poudre anglaise.

Pour tous les autres vins, l'opération est la même : il suffit de changer le *vin-mère*.

Toutefois, il y a certains vins qui demandent plus d'alcool; dans ce cas, on double la dose d'eau-de-vie.

On travaille encore les vins en y mettant diverses drogues en infusion, telles que le houblon, la racine de fraisier, l'ormin, etc., etc.; nous ne saurions ni recommander ni approuver cette méthode, par la double raison qu'on ne sait jamais ce qu'on fait; c'est-à-dire que l'on donne trop ou trop peu de parfum, et parce que cette addition de racines, plantes, etc., nécessite un soutirage qui appauvrit le vin et produit du déchet. D'autre part, toutes les substances végétales contenant du mucilage en quantité peuvent susciter une fermentation qui fait tourner le liquide à l'aigre; ainsi, au lieu d'améliorer le vin, on le détériore d'une manière notable.

Observations sur cette fabrication

Il faut observer :

1° Que si ces vins sont destinés aux colonies de l'Amérique, on doit ajouter assez d'alcool pour atteindre 20 pour cent du liquide ; c'est-à-dire que si le vin en contient lui-même 14 pour cent, il faudra en ajouter 6 pour cent ;

2° Que, pour le premier procédé, on doit opérer dans un local assez chaud pour que la fermentation de combinaison se produise, c'est-à-dire d'une température de 14 à 16 degrés R., et que l'on doit placer les fûts contenant le vin préparé, à une température plus froide s'il est possible, aussitôt après le collage ;

3° Qu'il est indispensable de se procurer des vins d'Espagne purs et naturels, et de rejeter toutes les imitations qui se font en France et à l'Etranger, sans quoi les résultats seraient nuls. (Nos relations avec l'Espagne nous fournissant des occasions fréquentes de recevoir ces vins, nous nous ferons un véritable plaisir de mettre nos lecteurs en relations avec nos fournisseurs de Madrid, Malaga, Alicante, Murcie, Marvella et tous les autres points de production ou d'expédition, afin qu'ils puissent se procurer les qualités désirées aux meilleures conditions possibles) ;

4° Que, pour les vins du second procédé, il faut également de bons vins d'Espagne et le bouquet ou parfum indiqué, sans quoi on n'obtiendrait qu'un vin sans analogie avec celui que l'on désire imiter ;

5° Que, pour les vins fabriqués d'après le troisième procédé, le parfum ajouté étant le principal *élément* de l'imitation, il faut se le procurer de bonne qualité ; c'est-à-dire le laisser vieillir un peu avant de l'employer, notamment le *Pomard*;

6° Qu'on doit laisser mûrir ces vins au moins un mois ou deux avant de les livrer au commerce, à moins que ce soit pour l'exportation, dans lequel cas, on peut expédier aussitôt clarification;

7° Que l'effet des *bouquets et sèves* ne se produit qu'après quelques jours de mélange, c'est-à-dire après combinaison des arômes ou parfums;

8° Qu'on doit toujours tenir ces vins à l'abri des courants d'air chaud ou froid, pendant la première quinzaine qui suit le jour de l'opération; et autant que possible dans une température, sinon égale, du moins à l'abri de brusques variations;

9° Que la clarification doit toujours être faite avec la *poudre anglaise*; jamais avec la gélatine, ni avec la colle de poisson, la poudre anglaise contribuant à aider à la combinaison des arômes divers;

10° Que si un vin conservait une couleur trop rouge, violette, ou trop foncée; qu'il fût dépourvu de cette nuance jaune des vins vieux, il faudrait la lui donner à l'aide de l'*ambréine* (voir *la liste des produits œnologiques*);

11° Que, si au contraire, un vin n'avait pas assez de couleur, il faudrait lui en donner avec la *teinte bordelaise*, dont il suffirait d'ajouter un litre seulement par hectolitre.

VINS A L'USAGE DES COLONIES

Tous ceux qui ont habité le Brésil, la Martinique, la Guadeloupe, la Guyane, le Sénégal, savent de quelle utilité sont les vins dans ces contrées. Nous avons été consulté plusieurs fois sur l'importante question de procurer des boissons alcooliques à ces pays où les toniques sont indispensables, surtout aux Européens. Nous croyons donc faire une chose utile en publiant le résultat des essais que nous avons faits pour atteindre le but désiré.

Les Européens qui habitent ces contrées ont cherché de tout temps à se procurer du vin. On a essayé de la plantation de la vigne; mais l'expérience ayant démontré le peu de succès de cette entreprise, on a dû y renoncer et tourner ses vues d'un autre côté. On a essayé des divers fruits qui croissent en abondance dans ces pays; mais ces fruits trop sucrés ne contiennent pas ou peu de ferment et ont un goût si éloigné et des propriétés si différentes du vin que ces tentatives n'ont pas répondu à ce qu'on en attendait.

Partout, aux colonies, il y a du sucre et de l'alcool; c'est donc avec ces substances si faciles à se procurer que l'on doit chercher à obtenir une boisson qui se rapproche du vin. C'est ce que nous avons fait.

En raison de l'élévation de la température, il faut des boissons très-alcooliques pour se conserver d'abord, et ensuite pour avoir le degré de tonicité voulu. Or, il s'agit de travailler le sucre et l'alcool soit séparément, soit ensemble pour résoudre le problème.

Au premier examen, il est facile de distinguer qu'avec l'alcool on ne fait qu'un mélange; qu'avec le sucre, on constitue une opération chimique, puisqu'il faut exciter la fermentation; qu'enfin avec l'un et l'autre traités ensemble, on fait une opération mixte.

Il y a donc trois manières de procéder : 1º le système de *mélange;* 2º celui de la *fermentation;* 3º le système *mixte.* Nous allons les indiquer tous les trois, afin de mettre cette fabrication à la portée de tous.

Ces fabrications ne sont pas permises en France; aussi nous ne les indiquons ici que dans le but d'être utiles à nos nationaux qui trouveront dans ces indications le moyen de se faire un vin réel qui, s'il est fabriqué de toutes pièces, n'en est pas moins du vin, quant au goût et aux propriétés toniques et hygiéniques.

Nous devons, avant tout, prévenir ceux qui feront des essais, que ces vins demandent quatre mois au moins avant d'être mis à la consommation; jusque-là, ils manquent de caractère, tout en ayant les mêmes propriétés que le vin; et ils n'ont ni la finesse ni l'analogie désirées, pour constituer un vin de table.

Pour satisfaire les goûts de chacun, nous avons dû nous occuper de trouver le moyen de rapprocher ces vins des types les plus recherchés. Ce sont donc les vins d'Espagne, de Portugal et du midi de la France que nous avons tâché d'imiter. Cela dit, notre intention étant bien connue, nous allons donner les formules que nous avons étudiées et mises en pratique pour chaque procédé.

PROCÉDÉ PAR MÉLANGE

Vin de Porto

Eau......................	60 litres.
Alcool bon goût, de canne ou autre, à 60 degrés........	25
Sucre ou cassonade.........	2 kilog.
Vin de Porto ou autre bon vin alcoolique...........	15 litres.

Purpurigène...	150 gram.
Acerbe...................	150
Poudre anglaise...........	20
Essence de Porto	1 flacon.

Soit, en tout, 100 litres.

Faites dissoudre le sucre dans l'eau ; versez l'essence de Porto dans 23 litres d'alcool, l'acerbe, le vin, le purpurigène que vous avez eu le soin de préparer à l'avance comme nous allons l'indiquer ; donnez un coup de fouet pour mélanger, collez de suite avec la poudre anglaise, et laissez reposer jusqu'à clarification.

A défaut de vin, on met deux litres d'alcool de plus et on complète par 13 litres d'eau, mais nous devons dire qu'il nous a paru indispensable d'ajouter de 10 à 15 pour cent de vin.

Le purpurigène se prépare en versant dessus goutte à goutte un demi-litre d'eau pour en faire une bouillie.

Cela fait, versez-y deux litres d'alcool, agitez de temps en temps pendant 8 jours, pour vous en servir au besoin.

On peut aussi, si l'on est pressé, le faire dissoudre dans l'eau bouillante et l'employer immédiatement.

Après clarification, dégustez et soutirez, si votre vin a un goût étranger, soit de l'alcool, soit du sucre, soit de toute autre chose provenant du mélange, collez de nouveau ; puis laissez reposer six semaines ou deux mois, et mettez en bouteilles.

Si le goût de l'essence de Porto s'est trop combiné avec le mélange et que le parfum soit trop faible, il faut en ajouter de nouveau quelque peu au moment du second collage ou de la mise en bouteilles.

N'employez jamais d'alcool de mauvais goût, votre vin serait perdu sans ressource.

Remarquez aussi que la présence du sucre ici n'a qu'un but, adoucir le mélange et lui donner de la mâche, le pâteux nécessaire à ces sortes de vins. Le sirop de fécule ou de raisin serait préférable ; mais il est de toute impossibilité aux colonies, où il ne peut être transporté qu'à la condition d'y adjoindre 30 pour cent d'alcool à 90°.

Il y a parfois des fruits qui, ajoutés en petite quantité, peuvent donner un goût vineux ; on les choisit et on les emploie avec circonspection ; mieux vaut ne rien ajouter, si l'on n'est pas certain de l'effet.

Ce vin devient excellent et bien préférable à certains vins naturels. — On peut augmenter ou diminuer la dose de coloration, d'acerbe, et de parfum. L'habitude réglera bien vite les quantités à employer.

Vin de Lisbonne

Eau........................	60 litres.
Alcool à 60 degrés............	25
Sucre ou cassonade..........	3 kilog.
Acerbe.....................	200 gram.
Essence de vin de Lisbonne..	1 flacon.
Purpurigène.................	200 gram.
Vin de Lisbonne ou autre à défaut....................	15 litres.
Poudre anglaise.............	20 gram.

Opérez comme pour le Porto.

Vin de Roussillon

Eau...........................	60 litres.
Alcool à 60 degrés...........	25
Cassonade....................	2 kilog.
Vin de Roussillon............	15 litres.
Acerbe	200 gram.
Purpurigène.................	150
Essence de vin de Roussillon.	1 flacon.
Poudre anglaise.............	20 gram.

Opérez comme ci-dessus.

On peut faire par le même procédé du Bordeaux, du Bourgogne, etc., etc., ainsi que des vins blancs; mais ce travail n'ayant pas été étudié suffisamment par nous, nous en ajournons la publication.

PROCÉDÉ PAR FERMENTATION

Vin de Lisbonne

Sucre.......................	25 kilog.
Ferment....................	1
Acerbe.....................	300 gram.
Purpurigène................	200
Eau........................	75 litres.

Délayez le sucre dans l'eau chaude à 25 degrés R.; ajoutez-y l'acerbe et le purpurigène après les avoir également délayés dans votre moût, mélangez et couvrez votre cuve ou tonneau.

D'autre part, prenez le ferment, délayez-le avec du moût à 25 degrés dans la proportion de trois litres de moût pour 1 kilog. de ferment, couvrez, entretenez à une température de 25 à 28 degrés R., et quand la fermentation paraîtra, c'est-à-dire 6 heures environ après, jetez le tout dans le moût, mélangez, couvrez, et laissez agir la fermentation qui doit s'achever en trois semaines ou peut-être en 15 jours.

La fermentation est achevée quand le moût marque 1 degré au pèse-sirop.

Il y a certains fruits qui contiennent du ferment; quand on en a à sa disposition, on en ajoute une certaine quantité au moût, après les avoir écrasés.

Il y a également certaines feuilles d'arbustes qui se trouvent dans le même cas. On en pile 4 ou 500 grammes et on les jette dans le moût, quand on s'est assuré qu'elle ne sont pas susceptibles de communiquer un mauvais goût au vin.

Quand la fermentation est achevée, on soutire le vin et on y ajoute par hectolitre :

    Alcool de canne ou autre, à
        60 degrés..............   2 litres.
    Vin de Lisbonne...........   10
    Poudre anglaise..........   30 gram.

On mélange et on colle avec la poudre anglaise.

Après clarification, on déguste, et s'il n'y a pas assez de couleur ou d'acerbe, on en ajoute.

Le lendemain, on vérifie de nouveau le travail et si l'on juge que l'opération est terminée, on ajoute :

Essence de Lisbonne........   1 flacon.
Poudre anglaise...........   20 gram.

On verse l'essence de Lisbonne, et on colle. — Après clarification, ce vin doit être potable. Il faut avoir le soin de tenir le fût toujours plein ; on le visite à cet effet tous les deux ou trois jours après l'entonnage. — A défaut de vin de Lisbonne, on en prend de l'autre.

Pour le vin de Porto, de Roussillon, l'opération est la même, l'essence seule est remplacée par les essences spéciales de Porto et de Roussillon.

PROCÉDÉ MIXTE

Vin de Lisbonne

Eau........................   75 litres.
Sucre......................   10 kilog.
Alcool à 65 degrés......... .   15 litres.
Acerbe.....................   300 gram.
Ferment....................   500
Purpurigène...............   200

Faites dissoudre le sucre dans l'eau chaude à 25 ou 28° R ; ajoutez-y l'alcool, le purpurigène et le ferment, comme il est indiqué au procédé par fermentation, et conduisez l'opération de la même manière. Seulement, l'alcool s'ajoute en même temps que le ferment, et on couvre la cuve.

La fermentation se termine plus rapidement que par le second procédé. — Aussitôt que le liquide est tombé à 1 degré ou à zéro, on soutire et on entonne, puis on laisse reposer. On soutire aussitôt clarification et on ajoute :

Essence de Lisbonne........   1 flacon.
Poudre anglaise...........   25 gram.

On introduit l'essence dans le fût et on colle.

Après quinze jours de repos, on déguste et visite le liquide, et on le complète, comme nous l'avons dit au second procédé; ensuite on ajoute :

Vin de Lisbonne...........   10 litres.
Poudre anglaise..........   20 gram.

et on opère comme ci-dessus.

La plupart des eaux-de-vie de canne sont mal distillées et ont besoin d'une rectification pour pouvoir entrer dans la composition du vin, sans quoi il en aurait le goût. Nous allons donner le moyen de les améliorer.

EAUX-DE-VIE-DE-CANNE

Rectification. — Désinfection

Pour rectifier les eaux-de-vie de canne, opérez comme il suit :

Eau-de-vie à 60 degrés.....   100 litres.
Eau............   80
Sel.....................   30 gram.

Mêlez et distillez au bain-marie ou à la vapeur. — Si vous n'avez pas d'appareil fonctionnant à la vapeur ou au bain-marie, servez-vous de préférence d'un alambic à col-de-cygne et chauffez lentement, en ayant soin de rafraîchir constamment.

Quand on n'a pas d'alambic, on doit recourir au procédé suivant, qui est loin d'être aussi bon; mais il devient indispensable faute de rectification.

> Eau-de-vie à 60 degrés.....	100 litres.
> Poudre rectificatrice........	150 gram.

Délayez la poudre avec un peu d'eau et collez votre eau-de-vie avec la solution. — Comme cette poudre se précipite en quelques heures, il faut la faire remonter dans le liquide, soit en fouettant de rechef, soit en donnant un tour au fût, et cela une fois par jour pendant une huitaine de jours.

On peut également traiter ces eaux-de-vie comme celles de marc et de cidre (voir *Rectification* et *Épuration des eaux-de-vie de cidre*).

VINS MOUSSEUX

Clarification. — Sucrage et alcoolisage. — Amélioration et bouquet. — Vins mousseux par le gaz acide carbonique dits vins factices.

La fabrication des vins mousseux ne rentre pas dans le cadre de cet opuscule; il existe d'excellents traités spéciaux[1] que doivent con-

---

[1] *Manuel des Eaux et Boissons gazeuses*, de l'Encyclopédie Rorel.

sulter ceux que cette fabrication intéresse. Cependant, pour répondre au désir qui nous a été souvent exprimée, nous allons exposer succinctement les principaux procédés de fabrication.

Il y a deux modes de fabrication; le premier consiste à travailler le vin et à y déterminer une fermentation qui donne naissance au gaz acide carbonique, le second à introduire le gaz tout fait dans le vin, à l'aide des appareils à eaux gazeuses.

Il ne nous appartient pas de discuter ici le plus ou le moins de valeur des deux procédés; nous nous bornerons à dire que celui par les appareils à eaux gazeuses produit des vins d'un prix bien moins élevé, et qu'il tend à vulgariser la consommation des vins mousseux. L'époque est proche peut-être où ces vins se consommeront comme l'eau de Seltz dans les syphons.

Tous les vins blancs sont propres à faire des vins mousseux; mais il est nécessaire de les travailler pour leur donner ou la force alcoolique, ou la mousse, ou le bouquet. Grâce à ce travail, il devient, sinon impossible, du moins très-difficile de distinguer les vrais Champagnes des autres vins, si ceux-ci ont été bien traités.

Quels vins sont propres à devenir mousseux

Tous les vins peuvent devenir mousseux; mais ils ont des qualités différentes qui les font préférer ou rejeter. Les vins de Champagne sont généralement préférés, du moins, jadis, ils l'étaient et méritaient de l'être; mais aujourd'hui ils ont un peu perdu de leur ancienne réputation, en raison des mélanges auxquels on les soumet et des modifications qu'on a apportées dans leur travail. Jadis, ces vins étaient purs et pas ou presque pas additionnés d'alcool; ils étaient frais et légers, aujourd'hui ils *cassent la tête*, comme l'on dit vulgairement; ils empêchent la digestion et donnent l'insomnie. La cause en est dans l'addition considérable d'alcool qu'on y introduit et qui dépasse souvent 10 pour cent.

Il est vrai que certains vins du midi contiennent 16 et 18 pour cent d'alcool; mais autre chose est de boire l'alcool du vin ou l'alcool de distillation. Ce dernier contient des huiles essentielles (de l'éther œnanthique) en quantité plus considérable, et cet éther exerce une prodigieuse action sur l'économie animale : l'ivresse, l'abrutissement, la lassitude générale, la torpeur, etc. C'est à lui qu'est due ce genre de folie connue sous le nom de *delirium tremens*.

Quoi qu'il en soit nous n'avons ni à réformer, ni à vanter ce qui se pratique; nous nous bornerons à dire qu'on fait des vins mousseux avec les bons vins blancs de tous les pays, et que tous ont leurs qualités spéciales qui les font rechercher suivant le goût, le tempérament et les localités de chacun. Dire quel est le meilleur des vins mousseux, nous semble difficile, puisqu'ils sont l'œuvre de l'art et qu'on peut les fabriquer partout avec succès.

Les vins mousseux proviennent de l'Ardèche, de l'Aude, du Gard, du Jura, du Haut-Rhin, de la Côte-d'Or, de la Marne, de l'Yonne et de la Gironde. Ils sont connus sous le nom de vins de Champagne, de Limoux, de Saint-Ambroix, d'Arbois, de Belfort, de Bordeaux, de Bourgogne, etc., etc.

Préparation des vins mousseux

Pour faire du vin mousseux, il faut séparer du moût tout le ferment qui s'y trouve en excès, car il faut qu'il en reste encore une quantité suffisante pour décomposer la matière sucrée qu'il contient et même celle qu'on pourrait y ajouter par la suite, car c'est la fermentation qui produit l'acide carbonique ou la mousse.

On n'emploie pas le vin blanc naturel à la fabrication des vins mousseux; chaque pays a son procédé.

Dans l'Ardèche, on expose le raisin au soleil pendant plusieurs jours; puis, après l'avoir écrasé, on laisse reposer le moût 24 à 36 heures pour laisser monter les pellicules, et on soutire dans de grandes bouteilles. Cela fait, on transvase tous les deux jours, tant que la fermentation est encore sensible. Quand le vin est limpide, on le met dans des bouteilles solides que l'on bouche après 12 heures de repos, et on les ficelle. Quand le vin ne s'éclaircit pas assez vite, on le filtre au papier.

A Limoux, où l'on fabrique un vin mousseux connu sous le nom de *blanquette*, on étend le raisin sur un plancher pendant quatre ou cinq jours, pour faire évaporer une certaine quantité d'eau; on égrène, on foule, on passe le moût au crible pour en séparer les pellicules, les râfles, etc., et on l'entonne dans des fûts de 100 à 120 litres. Cinq ou six jours après, on filtre ce vin sur des filtres en toile très-serrée, on remet en barriques, on bonde légèrement tant que la fermentation dure et on met en bouteilles en mars. Ce système est bon partout où le raisin est très-sucré, et contient peu de ferment, le foulage de la grappe tendant à augmenter ce dernier.

A Arbois, on égrappe le raisin, on le pressure immédiatement, on met le moût dans la cuve, où il demeure pendant 24 à 36 heures, c'est-à-dire jusqu'à ce que les lies les plus grossières se séparent du moût, mais avant toute fermentation manifeste; puis on soutire au moment où les bulles d'acide carbonique viennent paraître à la surface du liquide, et quand il s'y est formé une sorte de croûte. Après ce soutirage, on nettoie la cuve et on y remet le liquide qu'on soutire de nouveau aussitôt que la croûte se reforme, et ainsi de suite, trois ou quatre fois, jusqu'à ce que le moût soit limpide. Dans cet état, on entonne dans des fûts qu'on tient exactement pleins et qu'on remplit au fur et à mesure qu'ils jettent des écumes par la bonde, laissée ouverte à cet effet. La fermentation terminée, on bouche hermétiquement le tonneau, on soutire plusieurs fois en janvier et février; en mars, on colle et on met en bouteilles. Le vin *jaune d'Arbois*, qui est très-estimé comme vin de dessert, se traite de la même manière; seulement, on le conserve en fût.

Dans l'arrondissement de Belfort, on pressure le raisin, on le filtre à plusieurs reprises jusqu'à ce qu'il soit parfaitement limpide, et l'on met en bouteilles ou en cruchons de grès. La fermentation se déclare dans les bouteilles et il arrive que la casse en fait perdre une assez forte quantité : quelquefois de 30 à 50 pour cent. Cela est dû à ce qu'il reste une trop forte quantité de ferment dans le moût. On pourrait éviter cela en ne filtrant qu'à de longs intervalles; de cette manière, il y aurait une plus forte quantité de ferment d'enlevé, et le gaz acide carbonique serait moins abondant.

En Champagne, le vin blanc provient du raisin noir autant que du raisin blanc. On choisit le plus mûr, on presse à deux ou trois reprises aussitôt que la grappe est coupée, on verse le moût dans une cuve, où il séjourne de 6 à 18 heures, pour faire séparer les grosses lies, puis on le décante. On conserve en fût et on met en bouteilles au mois de mars.

Clarification et conservation des vins mousseux

Si la limpidité d'une boisson est recherchée, c'est surtout dans le vin mousseux; aussi doit-on s'appliquer à la rendre la plus parfaite possible. Nous avons vu qu'on filtre le moût pour y parvenir; mais cette opération est lente et dispendieuse. Il serait bien préférable de décanter le liquide et de le coller, puis de le filtrer quelques jours après.

Les vins blancs sont sujets à devenir gras ou filants; il est donc bon d'introduire dans le moût, et dès le principe, un peu de solution d'acide tannique qui est le plus sûr moyen d'entraver ou de guérir cette maladie.

Sucrage et alcoolisage

La Champagne eut jadis le privilége exclusif de fabriquer des vins mousseux; mais la consommation s'est accrue à un tel point que bientôt ses vignobles sont devenus insuffisants à les produire et que les fabricants de ce pays furent obligés d'aller emprunter les récoltes de leurs voisins, pour les transformer en *vrais champagnes*. C'est alors que sont nés le sucrage et l'alcoolisage, deux opérations qui avaient pour but de donner du corps aux vins d'emprunts et qui s'étendirent bientôt aux vins de Champagne eux-mêmes ; de telle façon que cette pratique est devenue générale par la force des choses, surtout pour cacher la pauvreté alcoolique des vins des mauvaises années.

Chaque fabricant a sa petite recette. Voici celle qui est employée le plus fréquemment :

Vin blanc.	40 litres.
Vieille eau-de-vie de Cognac.	10
Sucre candi.	40 kilog.

On fait dissoudre le sucre dans le vin, on ajoute le cognac et on filtre. Cette sauce suffit pour 300 à 350 litres de vin.

Des fabricants de champagne composent et ajoutent une liqueur beaucoup plus riche en sucre. Telle est celle-ci :

Sucre candi blanc.	150 kilog.
Vin.	125 litres.
Eau-de-vie de Cognac, fine champagne.	12

On fait fondre le sucre dans le vin, on ajoute le cognac, et on filtre ; on met 25 à 30 pour cent de cette liqueur dans le vin de Champagne. La dose ci-dessus peut donc entrer dans 600 litres environ.

Si ces sauces, celle-ci et toutes les autres imaginées dans le but que nous venons de citer, ont quelque avantage, elles ont un bien grave inconvénient, celui d'atténuer le bouquet, de

13.

rendre le vin lourd, pâteux, et de lui enlever sa fraîcheur.

On rend au vin l'un et l'autre, fraîcheur et bouquet, en ajoutant à la sauce ci-dessus ou aux autres, deux flacons de *séve de Sillery* (voir *aux Produits œnologiques*). Si l'on travaille des vins étrangers aux crûs de la Marne, on emploie trois flacons, au lieu de deux. Au surplus, l'opérateur a bien vite fait de doser; quelques heures lui suffisent pour reconnaître la quantité, qui doit toujours être plutôt trop faible que trop forte.

Pour obtenir les vins rosés, on ajoute au vin un peu de teinte de Fismes qui contient de l'alun. A ce propos, un de nos œnologues s'écrie : « L'alun et le Champagne forment un accouplement des plus monstrueux. » D'autres ont dit : « L'alun est un poison et il devrait être proscrit. »

Nous ne sommes pas grand admirateur de la teinte de Fismes, nous croyons même qu'on peut et qu'on ferait mieux d'employer les vins du midi à la coloration des champagnes rosés; mais, pour rétablir les choses dans leur vérité, nous ne pouvons nous empêcher de dire combien il est déplorable de voir des hommes qui occupent un certain rang, soit comme écrivains, soit autrement, abuser de leur autorité ou de leur nom pour débiter et faire croire de semblables sottises. La teinte de Fismes contient de 30 à 60 grammes d'alun par litre, et il faut, pour roser du champagne, un litre environ par hectolitre, soit un peu plus d'un pour cent, mettons-en deux. Que peuvent donc faire 60 à 100 grammes d'alun par hectolitre, soit un gramme par litre ?

Ceux qui prétendent que l'alun est nuisible pris intérieurement, ignorent sans doute qu'il existe des vignobles (Argenteuil, par exemple), où l'on met jusqu'à 250 grammes d'alun par hectolitre de vin; ils ignorent aussi que l'alun se combine en grande partie avec les sels et les acides organiques du vin, et qu'il est en partie détruit ou décomposé. Ils ignorent, enfin, que Orfila, dans sa *Toxicologie*, rapporte différentes expériences desquelles il résulte qu'il n'a pu empoisonner un chien en lui administrant à plusieurs reprises, et à deux ou trois jours d'intervalles, 25, 35, 40, 60, et 80 grammes d'alun.

Nous le répétons, nous ne sommes pas le défenseur des teintes de Fismes, mais nous devons dire, dans l'intérêt de la vérité, de la raison et de la science, que tout individu qui déclarera que cette teinte est nuisible, par cela seul qu'elle contient 60 grammes d'alun par litre, est un ignorant.

Amélioration du bouquet

Comme nous venons de le dire, la *séve de Sillery* est un moyen de rendre aux vins les qualités que le sucrage et l'alcoolisage leur ont fait perdre. Indépendamment de cela, l'usage de ce produit sera toujours d'un effet utile, quelle que soit la qualité du vin, quelle qu'en soit la provenance. Dans les bonnes années, il exalte le bouquet; dans les mauvaises, il le supplée. La *séve de Champagne* possède à peu près les mêmes qualités; mais elle convient surtout aux vins lourds qui ont peu de fraîcheur, ou qui manquent d'acidité.

Mise en bouteilles

Il faut être bien expert pour connaître l'instant propice à la mise en bouteilles; mais il y a deux points capitaux dont on doit être certain. Avant de procéder à ce travail, il faut que le vin soit clair et qu'il marque zéro au pèse-vin ou au gleuco-œnomètre avant l'addition de la sauce. Sans cela, le vin pourrait rester trouble, ne pas mousser, ou faire casser les bouteilles.

Pour procéder à la mise en bouteilles, il ne faut pas les remplir en entier; on doit laisser un vide de 4 à 5 centimètres entre le bouchon et le liquide.

Inutile de dire qu'on ficelle les bouteilles avec de la ficelle et du fil-de-fer trempés dans l'huile, pour empêcher qu'ils pourrissent.

Quand le vin est en bouteilles, on les place, le goulot en bas, sur des treillis inclinés tous du même côté, afin que le dépôt qui se produit par la fermentation puisse facilement être détaché et chassé vers le bouchon. De temps en temps, on en active la chûte, en agitant la bouteille, sans la changer de place, et en la tournant sur elle-même, sans lui faire faire aucun mouvement de bas en haut.

Quand le dépôt est compact, qu'il est tombé jusque sur le bouchon, on soulève la bouteille doucement, on coupe les ficelles, et on enlève vivement le dépôt et on rebouche. On recommence l'opération autant que besoin en est.

Il faut une grande habitude pour opérer convenablement. On saisit la bouteille de la main gauche et par le fond, on la prend ensuite de la main droite, par le goulot, sans faire de secousse, et l'on agite, en ne faisant mouvoir que le poignet. Quand le dépôt est arrivé sur le bouchon, et que le vin est devenu limpide, on opère le dégorgement qu'on pratique de la manière suivante : on saisit la bouteille comme nous l'avons dit ci-dessus, on amène le goulot sur le genou et de la main droite, armée d'un crochet, on rompt le fil-de-fer et la ficelle et on enlève le bouchon. La mousse fait explosion, entraîne avec elle tout le dépôt, et la bouteille, ainsi purgée, est relevée. On introduit l'index dans le goulot, et on remplit avec du vin provenant de la première bouteille débouchée, et ainsi de suite.

On se sert aujourd'hui, pour le remplissage, d'une cannelle aérifère qui simplifie l'opération et la rend moins dispendieuse et plus rapide.

On a remarqué que plus le raisin est mûr, et moins le vin prend la mousse ; que le raisin gelé au moment de sa maturité donne beaucoup de mousse ; que des vins cessent de mousser sans cause apparente ou connue.

La chaleur active l'apparition de la mousse, en déterminant plus vite la fermentation ; de là, la nécessité de transporter les bouteilles de la cave au cellier, et *vice versâ*.

On s'assure de la marche de la fermentation en examinant les bouteilles de temps en temps ; si le dépôt commence, c'est que la fermentation s'est manifestée ; si le vide qui existe entre le bouchon et le liquide est plus sensible, c'est que le gaz acide carbonique s'est développé et qu'il exerce une pression d'autant plus grande que le vide est plus considérable. C'est par là que l'on peut prévoir la casse.

Préparation des vins mousseux par le gaz acide carbonique des appareils à eau de Seltz [1]

Tous les vins peuvent être rendus mousseux; mais il faut de préférence les choisir légers et blancs, les coller une fois à la *poudre des vins mousseux*, et les soutirer deux et même trois fois.

Il faut employer des vins de deux ans au moins, autrement il faudrait les muter; ensuite on les soumet au sucrage comme nous venons de le dire; la dose de sucre est de 30 à 40 grammes par bouteille. On sucre plus le vin dur et vert que celui qui est tendre.

Plus le vin est sucré, plus la proportion d'arôme doit être forte, car on sait que le sucre masque les parfums. On devra donc bien étudier la quantité de séve de Sillery à employer, car la dose est variable en raison de celle du sucre.

Pour opérer, le vin étant sucré et préparé, on le verse dans le cylindre pour le saturer de gaz acide carbonique à 4 ou 5 atmosphères, 6 au plus, autrement il serait trop acide. Lorsqu'il est assez chargé de gaz, on le met en bouteilles comme l'eau de Seltz, et on retient le bouchon avec deux ficelles placées en croix et un fil-de-fer; puis on coiffe le tout d'une feuille d'étain ou mieux d'une capsule, et l'opération est faite.

On doit tenir les bouteilles couchées pour que le bouchon soit constamment mouillé; sans cette précaution, le vin perdrait sa mousse.

1. Voir le *Manuel des eaux et boissons gazeuses*, du l'*Encyclopedie-Roret*, qui contient la fabrication des vins mousseux.

Il faut avoir soin de ménager un intervalle de 6 centimètres entre le liquide et le bouchon, en mettant en bouteilles, car ce dernier est chassé avec d'autant plus de force qu'il y a plus de gaz pour faire ressort entre le liquide et le bouchon.

USTENSILES EMPLOYÉS

dans le travail des Liquides

Il est nécessaire d'avoir quelques instruments et ustensiles pour travailler les liquides, sans cela on serait exposé à des tâtonnements et à des non-réussites. Les plus généralement employés sont les suivants :

Un alcoomètre centigrade ;
Un thermomètre ;
Un pèse-sirop,
Un aréomètre de Beaumé ;
Une mesure graduée de 100 grammes ;
Une ou plusieurs éprouvettes en verre ;
Des agitateurs en verre ;
Un petit alambic d'essai ;
Un alambic à tête de maure ;
Un alambic à col de cygne ;
Et tous les autres ustensiles généralement en usage chez les marchands de vins et les distillateurs.

Il est inutile d'indiquer la manière de se servir de l'alcoomètre, du thermomètre, du pèse-sirop et de l'aréomètre Beaumé [1]. L'alambic d'essai porte avec lui son instruction, et on se sert des autres alambics, à tête de maure et à col de cy-

[1]. Voir le *Manuel d'Alcoométrie de l'Encyclopédie-Roret.*

gne comme l'on sait. Reste donc la mesure graduée, l'éprouvette et l'agitateur dont nous allons indiquer le mode d'emploi.

La mesure graduée est un tube en verre ouvert par le haut, fermé par le bas, supporté par un épatement plus large que le tube, sur lequel existe une échelle portant à partir d'un gramme jusqu'à cent grammes, des divisions représentant chacune l'espace occupé par un gramme de liquide en volume et non en poids.

Avec cette mesure, on arrive facilement à distribuer uniformément une quantité très-faible de liquide, ce qui est indispensable en plusieurs cas, notamment dans la fabrication des liqueurs par extraits, dans l'amélioration des eaux-de-vie quand on opère sur de faibles quantités, dans le bouquetage des vins, etc.

Ainsi, si l'on a besoin de 10 grammes d'un liquide quelconque, on verse ce liquide dans la mesure jusqu'à ce qu'il atteigne la division qui porte le chiffre 10 ; de même pour toutes les autres quantités. Ainsi que nous l'avons fait remarquer, bien que la division corresponde à un gramme d'eau distillée, elle donne tantôt plus, tantôt moins, mais cette différence, peu sensible du reste, n'a aucun inconvénient puisque les quantités sont basées sur le volume et non sur le poids comme on pourrait le penser.

L'éprouvette est un verre à pied et de forme conique, portant une goutterole. Il sert pour faire les essais de mélange.

L'agitateur est une baguette en verre qui sert à opérer le mélange des liquides dans l'éprouvette, toute autre matière que le verre serait moins propre que lui à les mêler parce qu'il est dépourvu de pores et qu'il ne retient aucune partie du liquide. Il suffit de passer un linge dessus pour le nettoyer convenablement. Si l'on se servait de bois, il y aurait inévitablement une certaine partie des odeurs et saveurs qui pénétreraient dans ses pores et qui se communiqueraient au mélange dans lequel il serait ensuite plongé ; ce qui a un très-grave inconvénient quand il s'agit de matières qui doivent être soumises à la dégustation.

DU CHAUFFAGE DES VINS

COMME MOYEN DE CONSERVATION,
DE VIEILLISSEMENT ET D'AMÉLIORATION

Le chauffage des vins est une vieille question remise à la mode dans ces derniers temps, et autour de laquelle on a fait beaucoup de bruit. Personne ne professe plus que nous de respect pour les travaux de M. Pasteur, et ce n'est pas, nous l'avouons, sans hésitation que nous abordons ce chapitre ; non pas que notre foi soit ébranlée par le raisonnement de M. Pasteur, mais bien parce qu'il nous en coûte de dire que nous sommes en désaccord complet avec l'illustre académicien.

M. Pasteur a traité la question en savant, en théoricien ; or on sait que la théorie donne toujours raison à celui qui sait s'en servir, et certes elle était en des mains trop habiles pour rester en défaut. On nous dira, sans doute, que des commissions ont constaté le résultat des travaux de M. Pasteur. Cela ne nous convainc pas et ne nous prouve pas davantage que le chauffage des vins soit un moyen sérieux de les améliorer et de les conserver.

Notre intention n'est pas de suivre pas à pas M. Pasteur et de le réfuter article par article; le temps et l'espace nous manquent ici, nous nous bornerons à attaquer le système tout entier et dans son ensemble, ne pouvant le faire dans tous les détails.

Tout d'abord nous demandons si le chauffage des vins est une question nouvelle, et nous nous hâtons de répondre : non !

Les Romains, d'après Columelle, Pline et Horace, chauffaient les vins, non-seulement pour en concentrer le moût, mais pour leur faire contracter ce goût de cuit qu'ils recherchaient.

Les Espagnols, de temps immémorial, ont chauffé ou concentré les moûts de raisins pour en faire ces vins de liqueur si estimés des amateurs.

En France on a chauffé et on chauffe encore les vins. Cette et Montpellier pratiquent cette opération depuis longtemps, et tout le monde connait la manière employée pour fabriquer les vins de liqueur du midi, le Calabre, etc.

Dans un almanach de 1708, édité à Troyes, on indique le chauffage du vin comme moyen de le vieillir et de l'améliorer.

Le chauffage était tantôt une évaporation pure et simple, une opération de concentration; tantôt il avait pour double but la concentration et la formation d'un arôme spécial, connu vulgairement sous le nom de *goût de cuit*. Les Romains et les Espagnols y ont eu recours comme nous venons de le dire. Plus tard, on a cherché dans le chauffage le moyen de vieillir les vins, ou de faire subir au sucre qu'on y ajoutait une fermentation capable de le transformer en alcool, et quelquefois d'obtenir ces deux résultats en même temps.

Ainsi à Mèze, on chauffait le vin, à découvert, pendant près d'un mois, à la température de 26 à 30 degrés, pour achever la conversion en alcool du sucre que la fermentation naturelle n'avait pu décomposer. Quand on s'était assuré qu'il n'y avait plus de sucre, on chauffait jusqu'à 75 degrés pour fondre le vin, le vieillir, et lui donner enfin la teinte des vins vieux.

En Bourgogne, on a chauffé également les vins. Pour cela, on mettait les fûts dans une étuve, on les débondait et on chauffait à 26 et même 28 degrés pendant un mois et plus; ou bien on introduisait un jet de vapeur dans un foudre plein de vin à l'aide d'un serpentin.

Dans les vieux bouquins traitant d'économie domestique, nous avons lu cent fois qu'on vieillissait le vin en le mettant en bouteilles, qu'on ficelait et qu'on faisait chauffer au bain-marie pendant quelque temps.

Appert, lui-même, a essayé de ce dernier moyen et a parlé assez longuement des expériences qu'il avait faites.

En 1827, A. Gervais publia une brochure intitulée *Mémoire sur les effets de l'appareil épurateur pour l'amélioration et la conservation des vins*, où il émet un système identiquement semblable à celui de M. Pasteur.

Il résulte donc de tout ceci que la question du chauffage des vins est extrêmement vieille, et que M. Pasteur n'a fait que la faire revivre, car elle était oubliée. Nous allons examiner maintenant si elle est utile et capable de produire les effets que lui a attribués le savant académicien.

Pour bien juger la question, il est indispensable de connaître les termes dans lesquels M. Pasteur a pris son brevet, qui date du 11 avril 1865. Voici comment M. Pasteur décrit son procédé.

« Après que le vin a été mis en bouteilles, je ficelle le bouchon et je porte la bouteille dans une étuve à air chaud, en la plaçant debout. On peut la remplir entièrement, sans y laisser trace d'air. Voici ce qui se passe : le vin se dilate et tend à soulever le bouchon ; mais la ficelle le retient, de façon que la bouteille reste toujours parfaitement close, pas assez cependant, pour que la portion de vin chassée par la dilatation ne suinte pas entre le bouchon et les parois du verre. La ficelle ne cède jamais et je n'ai pas vu une seule bouteille se briser, quelque peu de soins que j'aie pris dans la conduite de la température de l'étuve. On retire la bouteille, on coupe la ficelle, on repousse le bouchon dans le goulot pendant que le vin se refroidit et se contracte, puis le bouchon est mastiqué et l'opération est achevée. »

Notez que M. Pasteur déclare que la température à laquelle il soumet les vins varie de 60 à 100 degrés et que les bouteilles y restent soumises pendant une heure ou deux.

Il est donc bien entendu que le chauffage des vins n'est pas chose nouvelle ; qu'il a été pratiqué de différentes manières, selon le but que l'on se proposait d'atteindre, et que le procédé de M. Pasteur ne diffère pas de quelques-uns d'entre eux. Voyons maintenant si le but que M. Pasteur s'est proposé est bien réellement atteint.

Les vins sont-ils conservés par le chauffage?

Les essais faits par M. Pasteur et par quelques viticulteurs auraient démontré que le chauffage conserve les vins, c'est-à-dire les préserve des maladies : ceci est tout à fait en opposition avec ceux que nous avons faits nous-même et que nous allons relater ici succinctement.

En 1865, nous avons mis à l'étuve, à une température de 60 à 80 degrés C. :

1° Du vin de Bourgogne bon ordinaire ;

2° Du vin de Langlade.

Ces vins sont restés pendant 28 à 30 heures soumis à cette température ; puis il ont été placés à la cave.

Quinze jours après cette opération nous les avons dégustés : ils étaient limpides, mais décolorés. La séve et le bouquet s'étaient développés, mais d'une façon anormale ; ils n'étaient pas ce qu'ils sont habituellement. Ils avaient sensiblement vieillis, déposé ; ils étaient même un peu fades ; le Langlade seul s'était bien tenu.

Six mois plus tard, dégustation faite, ces vins avaient sensiblement perdu de leur couleur, ils étaient devenus pelure d'oignon. La séve et le bouquet étaient encore assez prononcés, mais ils s'éloignaient du type de ces vins. Le dépôt était glaireux et floconneux.

Un an après cette seconde dégustation, le Bourgogne était plat et insipide ; il avait perdu tout à fait son caractère, ce n'était plus du vin : vinosité, corps, couleur, saveur, bouquet, tout avait disparu. Quant au Langlade, il s'était mieux conservé ; mais le bouquet et la séve n'existaient plus. Ce vin était méconnaissable :

14.

il avait complétement jauni et le dépôt était considérable. Ces vins étaient passés.

Si nous rapprochons ces faits de ceux cités par M. Pasteur, il y a une différence énorme, surtout si l'on ajoute que les vins non chauffés et qui étaient restés en fûts avaient conservé à peu près toutes leurs qualités : bouquet, séve, couleur, etc.; quoique moins limpides que ceux chauffés.

Cet essai, nous devons le dire, ne nous a pas surpris, car nous ne nous sommes jamais expliqué les bons effets du chauffage; aussi n'acceptons-nous, depuis cette époque, tout ce qui en est dit, que sous bénéfice d'inventaire.

Le chauffage ayant la propriété bien reconnue de *vieillir* le vin, il serait illogique de penser qu'il a celle de le *conserver*. Le vieillissement a infailliblement pour effet de rapprocher le vin du terme de la caducité ou de la mort.

Nous avons connu quelques gastronomes excellents dégustateurs, nous devons même dire que c'est à leur école que nous avons été formé. Eh bien ! ces hommes connaissaient les vins chauffés, notamment ceux de la Bourgogne. Le mépris qu'ils en faisaient ne nous a pas échappé. Nous dirons plus : ils avaient en horreur les vins chauffés.

Un peu par respect pour le souvenir de ces dégustateurs, un peu par respect de la logique et de nos petits essais, nous demandons la permission de croire que le chauffage ne conserve pas les vins. Nous ne connaissons pas de procédé plus sûr pour leur conservation que les bons soins, le soutirage et l'élimination des matières étrangères, ferment, etc., etc., etc., par le collage et le nettoyage des fûts.

Alors même que le chauffage des vins les conserverait, nous le rejetterions complétement et absolument pour les vins fins, parce qu'il leur enlève tout leur caractère propre et qu'il tend à *uniformiser* tous les crûs, en les abaissant, c'est-à-dire en leur faisant contracter des odeurs et des saveurs identiques complètement anormales.

Le chauffage améliore-t-il les vins?

Améliorer un vin c'est, d'après l'opinion générale, lui donner du bouquet, de la séve, du corps, de la couleur, de la limpidité, de l'âge, et le mettre à l'abri des maladies.

Le chauffage atteint-il ce but? C'est ce que nous allons examiner.

De l'aveu des partisans du chauffage et de M. Pasteur lui-même, le vin chauffé a un bouquet et une saveur qu'il n'aurait pas s'il n'était pas soumis à cette opération. Le chauffage hâte donc et dénature le bouquet et la séve du vin. Qu'ils soient préférables après le chauffage, là n'est pas la question, nous tenons seulement à constater qu'il fait disparaître le bouquet et la séve naturels. On ne saurait donc prendre pour une amélioration, l'opération qui a pour effet de modifier entièrement le bouquet et la saveur d'un vin, qui ne se recommande et qui n'a de prix que parce qu'il les possède purs et nets. S'il s'agissait de modifier un vin qui a un goût désagréable, un goût de terroir, ce serait tout autre chose, mais ce n'est point de cela qu'il s'agit.

Tous les petits vins étant plus ou moins acides et dépourvus de bouquet, de séve agréable, on peut les chauffer, puisque le chauffage les adoucit et les rend plus propres à boire : voilà l'avantage du chauffage. Reste la question d'économie;

à savoir si le remède n'est pas pire que le mal; en d'autres termes et pour nous servir d'une expression vulgaire, *si le jeu en vaut la chandelle*. C'est aux praticiens à le voir; quant à nous, nous ne le croyons pas.

Quant aux vins fins qui n'ont de valeur qu'en raison de leur identité et de leur caractère, si vous les chauffez, vous les dénaturez, vous hâtez leur maturité aux dépens de leur conservation et de leur qualité, vous les rendez méconnaissables.

Vous direz en vain que le chauffage développe le bouquet, clarifie les vins, les rend plus brillants, les vieillit, nous vous répondrons, avec tous les dégustateurs, tant pis!... Tant pis!

Du Chambertin, du Vougeot, du Château-Laffitte, etc., vieillis artificiellement!... C'est comme le melon qu'on fait mûrir en lui tordant la queue et en le chauffant sous cloche! Ce n'est plus ni du Chambertin, ni du Vougeot, ni du Château-Laffitte : c'est de la cuisine!...

La plus importante des qualités d'un vin fin étant son caractère, son bouquet *sui generis*, il est évident que si l'on altère l'un ou l'autre on le diminue de valeur. C'est vainement qu'on dira qu'il se conserve mieux, le consommateur s'il est dégustateur, répondra : Si le vin est bon il se conservera, s'il ne se conserve qu'à la condition de le dénaturer et d'égarer mon palais, je n'en veux pas. Que répondriez-vous au marchand de gibier qui vous dirait : « Voici un lièvre, je lui ai fait subir une préparation à l'aide de laquelle il se conservera un mois, mais cette préparation lui donne le goût du lapin ? »

Eh bien! le chauffage, quoi qu'on puisse dire, produit des effets à peu de chose près analogues. En hâtant la maturité du vin, en le for-çant à prendre immédiatement du bouquet, on presse une combinaison que l'on ne doit attendre que du temps. Si celui qui est chauffé semble meilleur après six mois, un an de chauffage, en est-il de même après quatre, cinq ou six ans? nous ne le pensons pas; nous dirons plus, nous sommes certain du contraire. Les grands vins se conservent quinze, vingt, trente et quarante ans, et ils sont encore bons; croit-on que les vins chauffés seraient encore potables à cet âge? Le chauffage, tel qu'il a été pratiqué en Bourgogne, a eu de détestables effets; il a laissé de tristes souvenirs. Le système ou le procédé préconisé par M. Pasteur ne saurait avoir des effets et des résultats différents, car il ne s'éloigne pas assez de ce qui a été fait pour que l'on puisse croire qu'il aura plus de succès. La même cause doit nécessairement produire les mêmes effets.

Modification du bouquet et de la séve du vin, décoloration, maturité prématurée, sont des cas que nous mettons, avec tous les dégustateurs, au rang des altérations du vin. Voilà les effets du chauffage.

M. Pasteur affirme, il est vrai, que le chauffage ne décolore pas le vin, mais qu'il le rend plus brillant. En admettant avec lui, que dans certains cas et en chauffant peu, le vin ne se décolore pas *immédiatement*, il est impossible d'admettre que la décoloration ne se produit pas quelque temps après. Dans nos essais, la décoloration, quand elle n'a pas eu lieu de suite, est venue après quelques semaines ou quelques mois au plus.

M. Pasteur dit aussi que le vin chauffé se clarifie, devient plus brillant et ne dépose pas dans les bouteilles. Nous avouons ne rien comprendre à cela.

Dans tous les essais que nous avons faits, les vins ont tous et toujours déposé. En effet, comment pourrait-il en être autrement ? que deviendraient les matières qui sont en suspension dans le vin ? Que deviendrait celle qui donne la coloration ? Nous voulons bien admettre que le chauffage resserre les molécules de ces atômes flottant dans le liquide, qu'il les réduit aux neuf dixièmes de leur volume ordinaire ; mais enfin, ils existent toujours, et, s'ils sont précipités, on doit les retrouver d'autant plus facilement qu'ils ont augmenté de densité, et que leur coloration naturelle aura dû prendre une plus grande intensité. Quelles que soient les vertus du chauffage, il ne saurait avoir celle d'anéantir les matières en suspension dans le vin. On ne peut, dit un vieux proverbe, *charpenter sans faire de copeaux*.

Sous l'influence du chauffage, le vin perd de la couleur, de la mâche, il s'affaiblit ; ceci ne nous semble pas contestable. Or, il est donc impossible de trouver là les traces d'une amélioration.

Qu'importe qu'un vin soit limpide et vieilli, s'il l'est au détriment de toutes ses plus belles qualités ? La limpidité, mais on l'obtient quand on veut, sans décoloration. L'âge, mais il y a des procédés bien autrement sûrs pour vieillir les vins sans les dénaturer et les abaisser au niveau des crûs les plus médiocres. Les praticiens ne sont pas embarrassés pour obtenir ces résultats par des moyens moins héroïques et moins pernicieux.

Présentez un Volnay, un Chambertin, un Château-Laffitte vieilli par le chauffage, mais décoloré ; présentez ce liquide à un dégustateur expert, dites-lui qu'il est en présence d'un de ces vins, car il pourrait s'y méprendre, et priez-le de le déguster. Une profonde grimace sera sa réponse, s'il tient à exprimer sa pensée et à ne pas vous épargner une déception.

Si le chauffage préservait le vin des maladies, par cela seulement, il serait une amélioration, mais cela n'est pas démontré suffisamment, et d'ailleurs, ainsi que nous venons de le dire, le chauffage dénaturant le vin, le remède serait pire que le mal. Nous savons bien que M. Pasteur prétend pouvoir chauffer à 60 et 70 degrés sans altérer la couleur, parce qu'il chauffe rapidement; mais nos essais nous ont démontré que si le vin chauffé ainsi ne perd pas sa couleur immédiatement, il la perd en quelques semaines ou en quelques mois, et qu'il jaunit rapidement.

Influence du chauffage
sur les maladies du vin

Les maladies du vin les plus fréquentes sont l'aigre, la pousse, la graisse et l'amertume. Nous devons en ajouter une cinquième sous l'influence de laquelle le vin contracte un goût de soufre et d'œuf pourri, la saveur des eaux sulfureuses : c'est pourquoi nous lui donnerons le nom de *vin sulfureux.*

M. Pasteur ne donne pas le chauffage comme un moyen de guérir le vin de toutes ses maladies; mais, comme il peut être malade sans qu'on s'en soit aperçu, ou que la maladie soit assez peu avancée pour qu'on ne la découvre pas, il nous semble utile d'examiner quels seraient les effets du chauffage dans ces circonstances.

Dans notre laboratoire, il existait une cheminée en marbre sur laquelle nous déposions très-souvent les échantillons de vin malade qui nous étaient expédiés de tous les points de la France. En hiver, le liquide contenu dans les flacons abandonnés, atteignait promptement une température de 45, 50 et 60 degrés. Il nous a donc été facile de juger de l'effet de la chaleur sur tous les vins et toutes leurs maladies. Or voici ce que nous avons observé.

Le vin aigre s'acétifie complétement en 24 heures, quel que soit le degré de la maladie, cependant, d'après la théorie de M. Pasteur, le *mycoderma aceti* devait être tué et le vin guéri. C'est tout le contraire qui arrive; le vin devient plus malade. Du reste, c'est à tort qu'on pense avoir raison pour longtemps des végétations parasites et des infusoires par le chauffage : tués aujourd'hui, ils reparaîtront bientôt, et en voici la preuve.

Nous avons fait chauffer jusqu'à l'ébullition du vinaigre contenant ces vibrions désignés vulgairement sous le nom d'*anguilles*. Au premier bouillon et même à 80 degrés, ils étaient tués. Le liquide filtré ne tardait pas à se clarifier complétement, il n'y avait plus traces d'animalcules. Eh bien! trois semaines après le liquide en était de nouveau rempli.

Le vin poussé chauffé se décolore et se décompose rapidement; tantôt l'acescence se manifeste, tantôt l'amertume se déclare, et dans l'un comme dans l'autre cas, le vin est perdu et gâté complétement en quelques jours. Il n'est pas rare de le voir devenir à la fois, amer et aigre avec une saveur de pourri insupportable.

Le vin blanc gras, soumis au chauffage, ne subit aucune transformation sérieuse. Quelquefois il reprend un peu de fluidité et de limpidité, puis quelques jours plus tard il revient à son état primitif. Quant au vin rouge gras, il se décolore, précipite sa couleur et jaunit. Pas plus que le blanc il n'est guéri, et, s'il semble revenir à l'état normal, ce n'est pas pour long-temps.

Attribuer la graisse à une cause animée nous semble d'autant plus contraire à la raison que la pratique nous apprend : 1° que si la fermentation se déclare dans le vin gras, il est guéri pour toujours ; 2° que tout vin gras guéri se conserve aussi longtemps que s'il n'avait pas eu cette maladie, et que souvent il acquiert de la qualité ; 3° que la graisse disparait naturellement et sans remède aucun quand on sait attendre. Si la cause était celle que M. Pasteur accuse il est évident que ces phénomènes ne sauraient avoir lieu ; car comment admettre que les générations s'arrêtent tout-à-coup pour ne plus reprendre leur œuvre de destruction.

L'amertume est une maladie complexe, de natures diverses fort difficiles à reconnaître. Tous les vins y sont sujets, ceux de la Bour-gogne surtout. Cette maladie apparait tantôt sur des vins d'un an ou de deux ans, tantôt sur ceux de cinq, de six ans et plus. Les échantillons que nous avons eus sous les yeux ont subi toutes sortes de modifications par le chauffage : les uns ont passé à l'aigre, les autres se sont améliorés, la plupart se sont perdus ; d'autres sont restés ce qu'ils étaient sans aucun changement, cela tient à la nature même de la maladie ; car ainsi que nous venons de le dire, il y en a de plusieurs sortes.

Dans les unes, le vin a l'amertume du *calamus aromaticus* ; dans d'autres, celle de l'*aloès* ; dans celles-ci, on croirait trouver celle de l'absinthe, de la gentiane, etc., etc., le tout accompagné quelquefois de l'aigre, de la pousse, et du goût d'acide sulfureux.

L'amertume n'est qu'un état transitoire du vin, excepté dans le vin vieux, usé. Les vins nouveaux d'un an à quatre ans guérissent de l'amertume comme de la graisse, par le repos ou le mouvement de fermentation qui se produit au printemps.

Mêlez du vin amer à du vin qui ne l'est pas, âgé d'un an et n'ayant pas été soutiré plus d'une fois et non collé, et souvent il sera guéri deux mois après le mélange.

Des vins amers de Bourgogne de 1834, avaient contracté cette maladie six mois après la récolte. Ils sont restés malades jusqu'en 1836. Complétement rétablis alors, ils étaient d'excellente qualité et se conservèrent très-longtemps parfaitement sains. Si la cause supposée par M. Pasteur était réellement ce qu'il pense, par quel hasard les vins amers se guériraient-ils presque tous et reviendraient-ils sains? Que deviennent alors les causes animées?

Les vins de Bourgogne sont très-souvent franchement amers et se guérissent facilement seuls, pourvu qu'on n'y touche pas si ce n'est pour les remplir; il y en a également beaucoup dans le midi, mais dans la plus grande partie de ces vins, l'amertume est compliquée d'une autre maladie et c'est ce qui rend le traitement difficile; mais avec du temps et des soins bien entendus on en triomphe presque toujours, à moins que l'aigre ou la pousse fassent des progrès et ruinent le vin.

Le vin sulfureux que bien des gens désignent par le nom de vin pourri, parce qu'il a la saveur des œufs gâtés, des eaux de Baréges, etc., contracte cette maladie assez facilement à la suite d'un mouvement de fermentation occasionné par la chaleur, si on ne donne pas issue au gaz qui en résulte. Ainsi, exposez un fût de vin à une forte température pendant plusieurs jours, descendez-le dans une cave très-fraîche sans lui donner de l'air, et il est rare que votre vin échappe à cette maladie qui se déclare généralement 30 à 40 jours après. Les gros vins du midi, qui contiennent encore de la matière sucrée y sont plus sujets que les autres.

Quelle est la cause de cette maladie? Sont-ce des causes animées? Nullement, puisque si l'on donne de l'air, la fermentation passe et le vin reste sain. Dans le cas contraire, ce gaz se dissolvant sans doute dans le vin produit cet effet désastreux. Cela est si vrai, que si l'on aère ce vin, et qu'on le laisse bonde ouverte, la réaction s'opère insensiblement et le vin se rétablit comme le vin gras, comme le vin amer.

Si vous avez du *vin sulfureux* ne vous en préoccupez pas, il guérira. Si vous voulez le guérir de suite, il suffit d'en faire un coupage avec un autre vin; le mouvement de fermentation qui se produit alors, rétablit le mélange, en quelques jours.

Toutefois, ne confondez pas le *vin sulfureux* avec le vin pourri proprement dit, ayant contracté ce goût soit dans des vaisseaux vinaires malpropres, soit par toute autre cause que celle ci-dessus, car vous n'obtiendriez aucun résultat du mélange ou coupage. Ce vin n'est pas malade mais de mauvais goût. Il faut alors recourir à tous les moyens possibles pour l'en débarrasser; moyens que nous avons indiqués plus haut.

Le *vin sulfureux* est donc comme le vin amer, comme le vin gras, dans un état de transition, car tôt ou tard il finit par revenir à son état normal. Les causes animées ne sauraient être accusées d'avoir déterminé cette maladie.

Les parasites du vin sont-ils des causes ou des effets?

M. Pasteur voit la cause de toutes les maladies du vin dans les parasites qu'il signale; nous n'y voyons que des effets.

Le *mycoderma aceti*, le plus commun de tous les parasites naît-il, se développe-t-il avant ou après la maladie? c'est-à-dire le vin est-il aigre seulement après l'apparition des mycodermes? Nous n'hésitons pas à répondre, non! Si l'on déguste un fût de vin, et qu'on prenne l'échantillon au fond, ou au milieu de la masse, il est évident qu'on ne trouvera pas traces de la maladie, lors de son début, et que les mycodermes auront envahi toute la surface avant que le fond du tonneau soit aigre. Mais si l'on prend du liquide avec une éprouvette, en *écumant* la surface du liquide, on se convaincra qu'il y a presque toujours une couche de vin très-chargée d'acide acétique; que les mycodermes font défaut et n'apparaissent en quantité que quand la maladie a envahi des couches plus profondes, ce qui dénote que l'acidification n'est due qu'à l'oxygène de l'air; en voici une preuve.

Si l'on prend du vin parfaitement sain et qu'on le fasse passer dans un appareil pour la fabrication accélérée du vinaigre, comme on le fait pour l'alcool, en quelques heures il est converti en acide acétique, et cela sans le secours des mycodermes.

Autre preuve.

Si vous semez du *mycoderma aceti* sur du vin, que vous fermiez le tonneau avec soin, vous acétifierez la couche qui touche intimement au mycoderme, mais le vin restera sain pendant plusieurs mois, plusieurs années même s'il est bien constitué et rempli avec soin. C'est donc l'oxygène de l'air qui acétifie le vin, et le *mycoderma aceti* est un effet et non une cause. Il ne saurait être cause qu'en raison du ferment et de l'acide qu'il transporte avec lui, comme nous le disons plus loin. Le *mycoderma aceti* n'a pas plus d'action que le premier champignon venu, pas plus qu'une éponge qu'on imprégnerait de vinaigre.

Nous pourrions citer bien des preuves à l'appui de l'acétification par simple contact de l'air.

Versez du vin dans une assiette avec du bouillon chaud, agitez en soulevant le liquide et vous aurez fait du vinaigre en refroidissant le mélange.

Il y a quelques années, on nous servit un potage au tapioca; il était très-chaud. Nous cherchâmes à le faire refroidir en le soulevant cuillerée par cuillérée à vingt-cinq ou trente centimètres de l'assiette et en le laissant retomber, en l'étalant pour le mettre en contact avec une plus grande quantité d'air. En deux minutes, nous avions fait une assiette de vinaigre; il était impossible d'y goûter. Quelle était la cause ? l'oxygène de l'air.

L'acétification peut donc avoir lieu dans le vin, comme dans l'alcool, comme dans tous les liquides susceptibles de s'acétifier, sans le concours d'un parasite. Nous verrons plus loin que ces causes sont complexes.

Dans les vins amers, poussés ou gras, qu'ils soient rouges ou blancs, est-il plus certain que la cause de ces maladies soit dans la présence des dépôts, des cristallisations et des végétations parasites ? Nullement, car tantôt on les trouve tels que les décrit M. Pasteur, dans des vins qui sont parfaitement sains, tantôt dans des vins malades.

Que conclure de ceci ? que ces dépôts, végétations, etc., sont nés sous une influence particulière due à l'action du ferment, à la nature même ou à toute autre cause qui nous échappe.

La cause des maladies du vin
est dans le ferment et les matières étrangères
que renferme le liquide

Le vin contient diverses substances que la chimie n'a pu encore déterminer ni reconnaître d'une manière exacte. Les ferments, les matières végéto-animales sont de ce nombre. Tous les chimistes qui se sont occupés d'œnologie ont porté leur attention sur ces matières, et Fabroni, Liébig, Buffon, Astier, Turpin, Quévenne, etc., ont émis à ce sujet des théories qui nous satisfont suffisamment, quoique laissant quelque chose à désirer sous certains rapports. Il n'en est pas moins vrai que la pratique a justifié tout ce qu'ils en ont dit, et que les contradicteurs peu nombreux de ces idées n'ont rien pu mettre de solide ni de sérieux à leur place.

Le ferment doit subir des modifications selon l'état du liquide dans lequel il se trouve : ainsi, dans le moût, son action se porte sur le sucre qu'il décompose et convertit en alcool. Cette fonction remplie, le ferment a dû subir lui-même une modification ; sa composition n'étant plus la même, son mode d'agir doit varier. Lors même qu'il n'aurait pas varié, agissant sur une matière qui s'est modifiée, son action est différente.

On serait porté à croire qu'il y a autant de genre de ferment qu'il y a de variation dans le liquide. Ainsi l'on dit : fermentation alcoolique pour désigner l'opération dans laquelle le sucre se décompose en alcool et en acide carbonique ; on nomme fermentation acétique ou acéteuse celle qui convertit l'alcool en acide acétique, etc.

Partant de ce principe, on attribue aux diverses maladies du vin un ferment spécial pour chacune, et pour cela on se fonde sur la différence de formes des dépôts et des végétations qu'on rencontre dans le vin. Nous pensons, avec certains œnologues, que le ferment est le même dans tous les cas, mais que sa forme et son action se modifient en raison des matières sur lesquelles il agit. Étant d'une nature végéto-animale, il doit subir la loi naturelle, naître, vivre, et mourir. Dans sa jeunesse, il détermine de préférence la fermentation alcoolique et la fermentation acéteuse ; enfin selon sa constitution, les altérations qu'il a subies, l'état des matières qu'il rencontre, les conditions atmosphériques de température, etc., etc., il provoque tantôt une maladie, tantôt une autre et souvent deux presque simultanément.

La nature du ferment change-t-elle ou ne change-t-elle pas ? c'est ce que l'on ne saurait dire ; car la composition des vins se modifiant depuis le premier jour jusqu'au dernier, il est évident que l'effet peut différer, la cause restant la même.

Ainsi, dans les premiers mois, le vin étant chargé de sels, de tannin, d'acides, de matières végéto-animales, d'alcool, de terre, etc., etc., le ferment doit agir d'une toute autre manière que si ces matières faisaient défaut. L'action restant la même l'effet peut être la fermentation alcoolique normale ou la fermentation morbide, qui amène l'aigre, l'amertume, la pousse, la graisse, etc.

Pour rendre notre pensée plus sensible, plus matérielle, supposons que nous soumettons à l'action du calorique du minerai de fer. Voici ce qui se passe. Il s'échauffe et rougit; si l'on continue de le chauffer, il absorbe encore du calorique et passe au blanc; en continuant de chauffer il entre en fusion : voilà le métal normal (c'est le vin après la fermentation alcoolique). Mais si l'on chauffe encore, un autre phénomène se produit, le métal s'enflamme et brûle lui-même; si l'on chauffe toujours, bientôt il est entièrement décomposé, il ne reste plus que de la cendre. L'action a été continue, elle n'a pas changé et le minerai est passé par plusieurs états avant de s'anéantir.

Ne voulant traiter la question qu'au point de vue pratique, le seul, selon nous, qui doive préoccuper le commerce et les lecteurs auxquels nous nous adressons, nous n'aborderons aucune des théories émises par les chimistes-œnologues anciens, théories complétement opposées à celles de M. Pasteur. Tant qu'on n'aura pas démontré que le ferment n'existe pas dans le vin, il sera impossible d'attribuer à une autre cause les modifications qui s'opèrent dans sa constitution, sa saveur, son bouquet, etc. Dans le ferment seul est la cause de toutes ces modifications et de toutes les maladies du vin; nous en avons la conviction si intime, qu'il nous semble qu'il est impossible d'énoncer le contraire sans tomber dans une foule de contradictions.

Pour donner plus d'autorité à notre opinion, nous aurions pu nous retrancher derrière celle de nos devanciers; mais nous sommes tellement certain d'être dans le vrai que nous nous bornons à ce que nous avons dit, le temps et l'expérience se chargeront de nous donner raison.

Quels sont les avantages et les inconvénients du chauffage, quels sont les vins qui peuvent être chauffés ?

La pratique du chauffage des vins n'est pas sans inconvénients et son utilité est fort contestable.

Appliqué aux vins fins et aux vins ordinaires, le chauffage a des effets différents.

Les vins ordinaires n'ayant pas une grande valeur vénale, leurs qualités principales ne résidant ni dans leur longue conservation ni dans leur bouquet qui est presque nul, ni dans leur séve qui n'est pas recherchée, il est évident que ce qu'on leur demande c'est de n'être ni trop acides ni trop faibles. Qu'importe qu'ils conservent leur séve, leur bouquet, leur couleur, pourvu qu'ils aient un parfum qui ne soit pas désagréable, une couleur moyenne, et qu'ils puissent passer l'année en bon état? on ne recherche pas leur caractère: au contraire, plus ils sont méconnaissables, plus ils auront d'amateurs; car la plupart des consommateurs ne s'occupent nullement de la provenance et de l'identité du vin. Pour eux, du vin c'est du vin, et ils confondraient volontiers le Château-Laffitte avec le vin de Suresnes.

Chauffer des vins communs est insignifiant. Chauffer des vins fins est une opération désastreuse pour eux : c'est leur enlever toutes leurs qualités.

Pratique du chauffage

Le chauffage des vins se fait de trois manières différentes ; par *l'étuve*, par *la vapeur*, par le *bain-marie*.

Chauffage à l'étuve. — Pour chauffer les vins à l'étuve il suffit ou de placer les bouteilles dans une chambre chauffée, ou d'y introduire des fûts si le vin n'est pas en bouteilles.

Pour chauffer les bouteilles on les ficelle solidement et on les range debout les unes à côté des autres sur des rayons disposés à cet effet, et on les laisse dans cet état tout le temps nécessaire pour que leur contenu atteigne 60 ou 70 degrés, suivant M. Pasteur. Quand on s'est assuré que cette température a été atteinte ou dépassée et que toute la masse du liquide l'a conservée pendant quelques minutes, on peut ou enlever les bouteilles ou éteindre le feu. Toutefois, disons qu'il ne faut pas trop se préoccuper de la durée exacte de la température. Que le vin reste dix minutes ou plusieurs heures à 70 degrés c'est absolument la même chose; du moins nous n'y avons remarqué aucune différence. M. Pasteur prétend qu'il ne faut que quelques minutes pour atteindre le but. Cela nous a paru insuffisant.

Si, au lieu de bouteilles, il s'agit de chauffer des vins en fûts, on peut opérer comme on l'a fait en Bourgogne. Voici comment on procédait: on disposait les fûts, sur des chantiers assez élevés pour que la chaleur put circuler aisément desous, et on chauffait pendant un laps de temps qui variait de 15 à 25 jours et même plus. Aujourd'hui, si l'on veut simplement chauffer et non vieillir, il suffira que la masse atteigne 60 ou 70 degrés pour que l'opération soit terminée. On s'assure de la température du liquide en plongeant un goutte-vin jusqu'au milieu du fût. Le vin retiré est versé dans une éprouvette, et, à l'aide du thermomètre, on constate la température.

Il est inutile de donner la description d'une étuve; car il en existe partout. Ainsi, les tourailles de brasseur ne sont autre chose que des étuves, seulement au lieu de conduire la chaleur en haut, on la dirige horizontalement par des conduits en briques formant autant de chambres chaudes, séparées du foyer de manière à utiliser le plus de calorique possible, comme cela a lieu dans certains calorifères. Les bouches de chaleur aboutissent aux quatre coins de la pièce et une au centre. On peut encore établir une étuve à l'aide du thermosiphon, à l'instar des serres chaudes. Le chauffage à l'étuve est le plus onéreux, mais il dispense d'avoir un générateur.

Chauffage à la vapeur. — Ce système a été également pratiqué en Bourgogne il y a 40 à 50 ans, mais, comme on doit le penser, il ne l'était pas d'une manière ostensible: il se faisait secrètement. Voici comment on opérait, on plaçait un serpentin dans un foudre de 8, 10 ou 20 hectolitres; on emplissait de vin ce foudre; on laissait la bonde ouverte et à l'aide d'un générateur on produisait de la vapeur qui, passant par le serpentin, chauffait le vin au degré voulu, et venait se condenser dans un réfrigérant au sortir du foudre.

Le degré de chaleur et la durée du chauffage variaient selon les années et le résultat qu'on voulait obtenir. Ainsi, dans les années où le raisin n'avait pas atteint une bonne maturité, on sucrait le vin, et le chauffage avait pour but de déterminer une seconde fermentation pour augmenter la richesse alcoolique, vieillir le vin et donner le change sur l'année de la récolte. Pour obtenir ce résultat, il fallait chauffer durant quinze jours et quelquefois plus. Mais si l'on chauffait seulement pour vieillir le vin, no augmentait le degré de chaleur et on chauffait

moins longtemps. — Il serait assez difficile de
donner des renseignements exacts sur ce point,
car ces opérations ayant eu lieu clandestinement,
personne n'était parfaitement renseigné, si ce
n'est ceux qui les pratiquaient et en faisaient
métier. Tout ce que nous savons, c'est que
lorsque le chauffage était jugé suffisamment
prolongé on soutirait le vin dans des fûts qu'on
logeait en cave où on le laissait un mois ou deux
se rasseoir, puis on le collait et on le livrait à la
vente pour du vin de trois, quatre, cinq ou six
ans et plus, selon le travail, l'âge réel et le crû.

Cette pratique était très-avantageuse, surtout
quand on sucrait. Ainsi, le vin d'une année
médiocre étant évalué à 75 fr. l'hectolitre, on
arrivait à le vendre 150 fr. par le chauffage et le
sucrage. En admettant que ces deux opérations
eussent coûté 25 fr. par hectolitre c'était un bénéfice net de 50 fr. par hectolitre. Mais il faut
dire que si le chauffeur y trouvait son compte,
le consommateur était loin d'y trouver le sien.
Aussi, les dégustateurs de cette époque se mé-
fiaient-ils des vins chauffés. Quand un marchand
de vin était stigmatisé du nom de *chauffeur*, ils
ne lui auraient pas même confié la fourniture
des vins destinés à leurs domestiques.

M. Pasteur recommande pour le chauffage,
un procédé qui se rapproche de celui que nous
venons de donner. En voici la description lit-
térale telle que nous la trouvons dans son ouvrage :

« Soit un générateur de vapeur grand ou pe-
« tit, suivant les besoins ; que l'on visse ou que
« l'on adapte, par un moyen quelconque sur le
« tube de sortie de la vapeur, un tube serpen-
« tin avec branche de retour pareil à celui de
« la figure. Il serait en cuivre ou mieux en
« cuivre argenté extérieurement. Introduisez ce

tube dans le tonneau, par l'ouverture de la bonde et faites glisser le bouchon *a b* de façon à couvrir l'orifice sans le fermer hermétiquement pour que le vin de dilatation puisse s'échapper. La vapeur, en circulant dans ce serpentin, échauffera le vin, et elle sortira par l'orifice *o*, d'où elle pourra se rendre dans un autre serpentin pareil, placé dans un tonneau voisin, et ainsi de suite; ou bien elle viendra échauffer l'eau d'une caisse en tôle, formant bain marie, pour le chauffage des vins en bouteilles. »

Ce procédé, selon nous, est de beaucoup inférieur à celui qui a été pratiqué en Bourgogne et que nous venons de décrire, car il est plus dispendieux et exige plus de soins, de surveillance et de combustible.

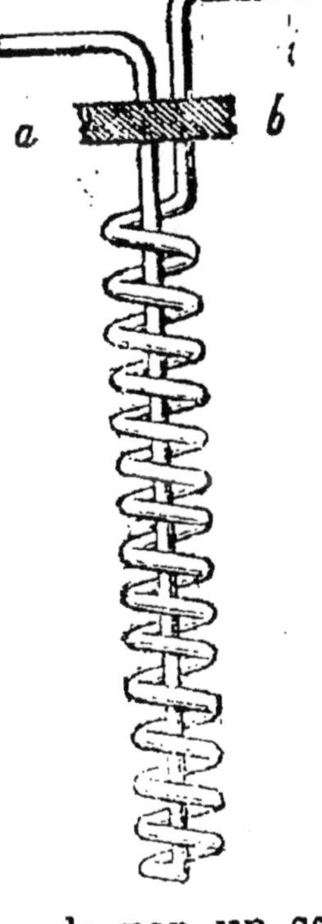

L'appareil Gervais se rapproche beaucoup des précédents. Cet appareil qui offrait quelque difficultés dans le principe a été modifié par un brasseur de Marseille, de la manière suivante : il se compose d'une ou de plusieurs caisses remplies d'eau chaude, qui est maintenue à une haute température soit par un barboteur, soit par un foyer placé directement sous ces caisses. Le vin y circule par un serpentin qui descend jusqu'au fond et qui remonte ensuite jusqu'à la partie supérieure d'où il sort pour se rendre dans une autre caisse contenant de l'eau froide, et de là dans un fût. L'opération se trouve terminée ainsi.

Chauffage au bain-marie. — Le chauffage des vins au bain-marie doit être très-ancien, car nous l'avons trouvé décrit dans des ouvrages qui datent de plus d'un siècle, où on le recommandait comme moyen de vieillir le vin. Nous avons en ce moment sous les yeux un ouvrage imprimé en 1836, chez Douillier, à Dijon (*Cours complet d'agriculture*), contenant, sous le titre *Économie usuelle*, plusieurs procédés pour vieillir le vin dont nous extrayons textuellement les deux suivants. « *Autres procédés pour* « *vieillir les vins.* — On obtient plus prompte-« ment le même résultat en mettant le vin en « bouteilles et en les tenant plongées, pendant « une heure dans un chaudron plein d'eau, que « l'on entretient au degré de l'ébullition. Le vin « doit être transvasé dans d'autres bouteilles le « lendemain de l'opération, lorsqu'il a bien dé-« posé.

« On peut aussi laisser les bouteilles pendant « une heure et demie dans un four dont on « vient de retirer le pain.

« Ces deux procédés ne sont du reste appli-« cables qu'aux vins liquoreux; les vins peu « spiritueux pourraient *en éprouver quelque* « *altération.* »

Au lieu du chauffage direct, qu'on emploie la vapeur pour échauffer l'eau du bain-marie, c'est absolument la même chose. Le procédé n'en est ni meilleur ni moins bon, ni plus nouveau.

Le chauffage au bain-marie n'est applicable qu'en petit et à titre d'essai; car un négociant ou un propriétaire ne sauraient s'en contenter: il est tout au plus propre à l'usage de quelques gargotiers qui nous vendent du Suresnes pour du Beaune. Ce procédé n'est pas susceptible d'être mis en pratique d'une manière économique sur des quantités même très-faibles : aussi n'en avons-nous parlé que pour mémoire, sans y attacher aucune importance, si ce n'est de faire voir que ce procédé est très-ancien.

Nous l'avons cité surtout pour établir que l'auteur est en communion d'idée avec nous et que les essais qu'il a faits ont eu le même résultat que les nôtres; à savoir que tout vin chauffé *dépose* et que ceux qui sont peu alcooliques peuvent en éprouver des *altérations*. Cela s'éloigne considérablement des affirmations de M. Pasteur, qui sont la preuve qu'on peut étrangement s'égarer en faisant de la science, en dehors de la pratique, et conséquemment, en recommandant le chauffage comme moyen d'améliorer et de conserver le vin *vieillir*, oui ; mais le conserver n'est pas admissible, ni possible, ainsi que nous l'avons dit plus haut.

Conclusion

En résumé nous avons dit et suffisamment démontré :

1° Que le chauffage ne conserve pas le vin, mais au contraire le conduit rapidement vers sa fin;

2° Qu'il n'améliore que les vins ordinaires au détriment de leur conservation;

3° Qu'il vieillit les vins indistinctement; mais sans leur conserver leur caractère spécial ;

4° Qu'il développe un bouquet et une séve hétérogènes qui s'éloignent sensiblement du bouquet et de la séve naturels;

5° Qu'il décolore les vins ;

6° Qu'il ne guérit ni ne prévient les maladies des vins;

7° Qu'il a été pratiqué, puis abandonné

comme ne donnant aucun résultat si ce n'est de faciliter la fraude;

8º Que les végétations parasites, les dépôts, etc., sont les effets et non les causes des maladies des vins;

9º Que la cause de toutes les altérations du vin est due à l'action du ferment et des matières étrangères que le liquide renferme ou tient en suspension;

10º Que le vin dépose des matières qui sont la conséquence et non la cause de son état morbide ou de santé;

11º Que les sels qui se cristallisent sont également en rapport avec sa constitution et son état; qu'ils sont un effet et non une cause, et qu'ils ne sauraient exercer aucune influence sur sa santé ou sur ses maladies,

AMÉLIORATION DES VINS FAIBLES
PAR LE VINAGE TANNIQUE ET TARTRIQUE

Les vins du midi, comme nous l'avons dit, manquent à la fois de tannin et d'acide tartrique ou mieux de bitartrate de potasse. Cela est dû à la composition du moût qui manque de ces éléments primitifs.

Un viticulteur de l'Hérault, M. Louis Barral, a eu l'idée d'extraire ces principes du marc de raisin pour les incorporer au vin. Cette pratique, qui a été couronnée de succès, rentrant dans notre système, nous nous empressons de la signaler à nos lecteurs afin qu'ils renouvellent les expériences de M. Barral, dont le résultat ne saurait être douteux pour quiconque a étudié la question que nous traitons.

Ce procédé qui n'a été appliqué jusqu'ici qu'aux vins faibles du midi, pourrait parfaitement convenir à quelques vins de la Bourgogne, avec les modifications que nous indiquons.

Voici comment opère M. Barral, d'après M. Hervé. Nous citons textuellement et sans rien changer :

« 1º Il faut fouler les raisins ou mieux les écraser. Aujourd'hui, tout bon viticulteur les passe au fouloir avant de les placer sur le marc du pressoir;

2º Laisser cuver cinq à six jours au plus à une température de seize à dix-huit degrés;

3º Quand le vin est mis en foudre, remplir de marc dont on aura enlevé en grande partie les râfles, un fût à bonde un peu large ; verser dessus autant d'eau-de-vie de vin que le marc pourra en absorber, puis fermer le fût et laisser macérer jusqu'au mois de février;

4º En février, soutirer la partie liquide de cette masse, et rejeter sur celle-ci deux ou trois fois du vin pour la délayer et en entraîner toutes les parties chargées d'alcool et de tannin ; puis presser le marc. On a ainsi de l'alcool d'abord, puis du vin alcoolisé et riche en tannin;

5º Ces deux produits mis à part, on en verse, sur le vin dans la proportion d'un litre un quart par hectolitre. Quelques semaines après on colle et on soutire, et on a un petit vin aussi franc de goût et aussi solide que les vins les mieux constitués.

Ce procédé est fondé sur la propriété que possède l'alcool d'absorber le tannin du marc, tandis qu'il n'en laisse que peu ou point au vin dans lequel il a été mêlé. L'alcool qui a passé d'abord sur le marc n'a plus ce mordant qui est si sensible dans le vin alcoolisé directement, son assimilation est beaucoup plus complète dans ce vin, à ce point qu'on ne croirait pas goûter du vin viné. »

Nous ferons remarquer à l'auteur de cet article que tout en approuvant le procédé, il serait préférable :

1° De laisser les râfles que de les enlever; car elles contiennent une notable partie de tannin analogue à celui du reste de la grappe;

2° L'eau-de-vie, à moins que l'on donne ce nom à de l'alcool à 70 ou 80 degrés centésimaux est trop faible pour extraire tout le tannin du marc non pressé; car il contient encore une grande quantité de vin. L'eau-de-vie est suffisante employée sur du marc pressé, même à 50 degrés, mais pour du marc qui retient encore 50 pour 0/0 de son poids de vin, il est nécessaire d'employer de l'alcool à 70, 80 ou même 85. Il est vrai que plus l'alcool est à un titre élevé moins il dissous de bitartrate de potasse et de sels, mais cela nous semble peu important; car ces sels sont moins utiles que l'extractif de la râfle;

3° La quantité d'un litre un quart de chaque liquide est insuffisante, s'il s'agit d'eau-de-vie; fut-ce de l'alcool à 70° qu'il en faudrait encore presque le double car, il ne faut pas oublier qu'on opère sur des vins faibles. Tout ce qu'il y aurait à craindre ce serait, dans certains cas (très-rares), de donner un peu trop d'astringence au vin, alors, on s'en débarrasserait par un bon collage.

Les vins de Bourgogne qui manquent de tannin et de vinosité, gagneraient beaucoup à recevoir ce traitement. Seulement, il faudrait l'employer dans les années où le raisin est suffisamment mûr, et bien se garder de se servir d'eau-de-vie de marc; mais bien des alcools de vin (de gamet par économie) rectifiés et poussés

90° centésimaux, afin d'enlever le mauvais goût.

Dans le cas où l'on recourrait à ce procédé une année où le raisin aurait mal mûri, il y aurait à craindre que les lavages retinssent une forte partie d'acide, ce qui augmentant celui du vin le rendrait plus vert ; on pourrait alors recourir à la désacidification, telle que nous l'avons recommandée (voir *Désacidification*).

ALCOOLS

Amélioration. — Mouillage. — Bouquet. — Coloration. — Clarification.

Sous la dénomination d'alcools, on comprend à la fois les alcools de vin et les alcools d'industrie, provenant de la distillation de la betterave, de la pomme de terre, des grains, etc.

Amélioration

Les alcools de vin sont susceptibles de grandes améliorations. Tant que les brûleurs mélangeront les vins à distiller et les produits de la distillation, ils n'obtiendront pas d'alcools de première qualité, à plus forte raison s'ils mélangent les vins malades ou gâtés avec ceux qui ne le sont pas. Pour atteindre la perfection dans la fabrication de l'alcool, il faut opérer comme il suit :

1° Classer les vins par qualités et ne jamais mélanger différents crûs ensemble ;

2° Distiller au bain-marie ou séparément chacun d'eux, lentement et à feu doux ou à la vapeur, pour empêcher les huiles essentielles de monter ;

3° Rectifier avec les mêmes précautions;

4° Séparer les produits et mettre de côté d'abord le premier quart, puis le second, ensuite le troisième et enfin le quatrième; puis, les flegmes qui font partie du dernier quart que l'on divise en deux parties à peu près égales;

5° Rectifier ensemble tous les derniers quarts, puis tous les flegmes;

6° Ne jamais distiller à feu nu, mais toujours à la vapeur ou au bain-marie.

Avec ces précautions, il est très-probable que l'on découvrira des qualités d'eau-de-vie ou d'alcools inconnues jusqu'à ce jour et qui pourront rivaliser avec celles qui ont le plus de réputation.

Quant aux 3/6 d'industrie, pour les obtenir de bonne qualité, il faut s'attacher à une bonne fermentation, à une distillation bien conduite et à une bonne rectification d'après les principes ci-dessus. Aussi, ne pouvant traiter cette matière *in extenso* dans cette brochure, nous conseillons la lecture des ouvrages de Payen et autres savants qui ont écrit sur cette matière.

La tâche que nous nous sommes imposée n'embrasse pas les moyens de fabrication proprement dits, mais plutôt l'amélioration des produits fabriqués.

Les mauvais produits sont difficiles à améliorer; aussi conseillons-nous, quand ils sont réellement mauvais, de les renvoyer à la rectification : c'est le moyen le plus prompt et le plus sûr de les rendre bons. Toutes les autres tentatives que l'on ferait seraient infructueuses.

Nous supposons donc avoir entre les mains des 3/6 bien rectifiés que l'on veut rendre potables en les rapprochant le plus possible des bons types connus, c'est-à-dire des eaux-de-vie de Cognac ou d'Armagnac.

Comme chaque sorte d'alcool demande un traitement particulier, l'un le 3/6 de vin, l'autre le 3/6 d'industrie, nous allons commencer par le premier, l'alcool de vin.

Alcools de vin

Les alcools de vin sont de deux sortes : ceux résultant de la distillation du vin, ceux provenant des marcs de raisin.

Tous les alcools ont un mordant, une saveur éthérée qui les distingue des eaux-de-vie. Bien qu'ils soient allongés d'une forte quantité d'eau et réduits même à un degré inférieur au titre des eaux-de-vie, le dégustateur ne saurait s'y méprendre. Il faut donc s'attacher à leur donner du moelleux, à les adoucir, à les vieillir et à les parfumer.

Mouillage et bouquet

Si l'on se bornait à y ajouter de l'eau, on n'obtiendrait qu'une liqueur détestable : cela est si bien reconnu que de tout temps on s'est appliqué à rechercher les moyens de corriger les défauts que nous venons de citer. On a prôné, à cet effet, de nombreuses recettes : les infusions de thé, de capillaire, de scolopendre, de feuilles d'orangers, les eaux de chêne, de réglisse, etc. Malheureusement, tous ces ingrédients sont de peu d'efficacité ; ils nuisent plutôt aux alcools droits en goût qu'ils ne les améliorent : c'est du moins l'opinion des dégustateurs émérites.

Les alcools de marc de raisin, surtout, demandent un traitement énergique pour enlever le goût *sui generis* propre à chaque crû et dû à la présence des huiles essentielles qui ont résisté à la rectification.

Disons en passant qu'une seconde rectification de ces alcools abrégerait beaucoup de travail du vieillissement; mais comme on n'a pas toujours en sa possession les moyens de rectifier, et que d'ailleurs une fois ces 3/6 dans le commerce, on est obligé de les utiliser, nous indiquerons le procédé à suivre.

Pour les 3/6 de vin, il faut opérer comme suit. Pour 100 litres de dédoublage, à 50 ou 60°, prenez :

Sirop de raisin (*Voir aux produits œnologiques*)	3 litres.
Rancio	1 flacon.
Rhum	1 litre.
Poudre anglaise	25 gram.
Eau chaude	1 litre.

Délayez le sirop avec l'eau chaude, allongez avec 4 litres de votre eau-de-vie et versez le tout dans le fût, en agitant. Introduisez ensuite le rancio, fouettez de nouveau, puis collez à la poudre anglaise comme d'usage. Colorez au caramel ou à la charentaise (*Voir aux produits œnologiques*), ce qui est préférable.

Pour les 3/6 de marc, l'opération doit être modifiée comme suit, toujours pour 100 litres de dédoublage à 50 ou 60° :

Sirop de raisin	4 litres.
Rancio	1 flacon.
Poudre clarifiante des eaux-de-vie	50 gram.
Tafia	1 litre
Eau chaude	1

Opérez comme ci-dessus, en mélant le rancio et le tafia et en collant avec la poudre clarifiante des eaux-de-vie au lieu de coller à la poudre anglaise. Colorez à la *charentaise*.

Si le 3/6 de marc a conservé un goût très-prononcé des huiles essentielles ou de distillé (ce qu'on désigne sous le nom de goût de chaudière), il faut encore augmenter l'énergie du traitement et opérer comme il suit :

Prenez :

Poudre clarifiante et désinfectante des eaux-de-vie, 200 grammes; collez et laissez reposer 48 heures. Après ce temps écoulé, soutirez et ajoutez les préparations suivantes :

Sirop de raisin............	4 litres.
Rancio...................	1 flacon.
Tafia...................	2 litres.
Mélasse de canne véritable..	500 gram.
Charentaise	100
Poudre anglaise...........	20
Eau...................	1 litre.

Opérez comme ci-dessus en délayant dans une suffisante quantité d'eau bouillante le sirop de raisin; la mélasse et la poudre avec de l'eau froide (toutes les poudres perdent leurs propriétés quand on les prépare avec de l'eau chaude).

Quelques personnes emploient, pour réduire les alcools, des eaux de chêne; le goût qu'elles communiquent aux eaux-de-vie est peu agréable, et nous considérons ce moyen de les aromatiser comme très-mauvais. Cependant, nous allons indiquer le mode de les préparer pour ceux qui voudraient les employer sur des 3/6 de mauvais goût.

Copeaux ou sciure de chêne..　　15 kilog.
Eau.........................　150 litres.

Laissez macérer quatre jours et jetez cette eau ; remplissez le fût et recommencez l'opération trois fois ; ce n'est que la quatrième eau qu'il faut conserver. Prenez alors :

Eau.........................　100 litres.
Alcool.....................　　10

Laissez infuser après avoir tiré le tout et l'avoir rejeté sur les copeaux, et servez-vous de cette eau aussitôt qu'elle aura pris assez de goût. Si vous n'en avez pas l'emploi immédiatement, doublez la dose d'alcool et conservez ce liquide. L'eau de pluie est préférable à l'eau de rivière ou de puits ; mais à la condition de la laisser déposer 24 heures et de la filtrer avant de la faire passer sur les copeaux.

Coloration

On colore le dédoublage avec le bois de campêche, le caramel, le safran, le curcuma et la charentaise.

Le bois de campêche ou de Brésil fait rougir la liqueur si on y ajoute de l'eau, le safran donne un goût désagréable, le curcuma donne une couleur fausse ; le caramel et la charentaise sont les deux meilleurs agents de coloration.

Clarification

Tous les 3/6 sont plus ou moins louches de la coloration, etc.; mais ils s'éclaircissent ordinairement très-vite. Cependant, ils sont pendant longtemps encore sujets à déposer; cela tient soit à la nature de l'eau soit à celle des matières colorantes qu'on a employées. Pour les avoir plus limpides et pour éviter des dépôts ultérieurs, quel que soit le mode de traitement qu'on leur ait fait subir, il est toujours utile de les soumettre à un collage comme nous l'avons indiqué; mais en donnant la préférence à la poudre clarifiante des eaux-de-vie, si on opère sur des alcools dont le goût laisse à désirer.

Alcools d'industrie

Pour rendre potables les 3/6 d'industrie, il faut leur faire subir un traitement particulier. Non-seulement il faut adoucir et vieillir les alcools, mais encore leur enlever l'arrière-goût désagréable qu'ils ont plus ou moins et qui s'éloigne des alcools de vin, et leur communiquer le goût de ceux-ci. On y parviendra facilement, si ces 3/6 sont complétement neutres, par les procédés que nous allons indiquer.

Mouillage et bouquet

Quelques marchands et débitants se sont imaginé de masquer le mauvais goût des dédoublages des 3/6 d'industrie à l'aide d'une forte addition de rhum; ils ont fait ainsi une boisson bâtarde d'un goût détestable, décélant la maladresse et la fraude. Si vous voulez imiter le cognac, prenez, pour 100 litres de dédoublage :

Sirop de raisin..	3 litres.
Essence de Cognac.	1 flacon.
Rhum..	1 litre 1/2.
Charentaise....	150 gram.
Eau....................	1 litre.

Délayez le sirop de raisin dans l'eau, puis la charentaise et versez dans le fût ; ajoutez le rhum et l'essence de cognac et agitez. Collez à la poudre anglaise.

ou encore :

Sirop de raisin............	3 litres.
Séve de Cognac...........	1 flacon.
Rhum..................	1 litre.
Curaçao................	1 verre.
Charentaise..............	150 gram.
Eau...................	1 litre.

Opérez comme ci-dessus.

(Armagnac) prenez :

Sirop de raisin............	3 litres.
Huile d'Armagnac..........	1 flacon.
Charentaise...............	150 gram.
Tafia...................	1 litre.
Mélasse de canne..........	300 gram.
Poudre anglaise...........	20
Eau...................	1 litre.

Opérez comme ci-dessus.

ou encore :

Sirop de raisin............	2 litres.
Mélasse de canne.........	500 gram.
Rhum...................	1 litre.
Huile d'Armagnac.........	1 flacon.
Anisette.................	1/2 litre.
Poudre anglaise..........	25 gram.
Eau....................	1 litre.

Opérez comme ci-dessus.

(Montpellier) prenez :

Sirop de raisin............	3 litres.
Essence de Cognac........	1 flacon.
Tafia...................	2 litres.
Charentaise..............	150 gram.
Mélasse de canne.........	500
Eau chaude..............	1 litre 1/2.
Infusion de réglisse (100 gr. dans 1 litre d'eau).	
Poudre anglaise..........	30 gram.

Opérez comme ci-dessus.

ou encore :

Eau-de-vie de marc........	1 litre.
3/6 de vin, bon goût.......	6 litres.
Sirop de raisin............	3
Rhum ou tafia............	1
Extrait de Cognac vieux....	1 flacon.
Anisette.................	1 verre.
Curaçao.................	1
Kirsch..................	1/2 litre.
Charentaise..............	100 gram.
Poudre anglaise...........	30
Eau....................	1 litre.

On consomme à Paris, et dans une grande partie de la France sous le nom de cognac, des 3/6 de riz et de grains dédoublés, soit seuls, soit en mélange. Voici le mode de préparation qui leur convient le mieux :

Sirop de raisin............	3 litres.
Ether de fine champagne....	1 flacon.
Rhum.....................	1/2 litre.
Kirsch...................	1/2
Charentaise..............	50 gram.
Poudre anglaise...........	25

Opérez comme ci-dessus.

On colore très-peu et on tient cette eau-de-vie à 50°.

Si on veut faire une eau-de-vie vieille pour la vente, comme fine champagne, on opère comme il suit :

Eau-de-vie de Cognac de bonne qualité...........	10 litres.
Ether de fine champagne....	1 flacon.
Rhum.....................	1/2 litre.
Charentaise..............	100 gram.
Poudre anglaise...........	30

Opérez comme ci-dessus.

Cette eau-de-vie se trouve ainsi un peu plus colorée et a beaucoup plus de bouquet et de parfum.

On fait aussi une excellente eau-de-vie de Cognac comme il suit :

Vin de Malaga pur et vrai...	1 litre.
Sucre candi................	1 kilog.
Ether de fine champagne....	1 flacon.
Charentaise................	50 gram.
Poudre anglaise............	35
Eau bouillante.............	1 litre.

Faites fondre le sucre candi dans l'eau bouillante, introduisez dans le fût, et agitez. Ajoutez ensuite l'éther de fine champagne et le malaga, et agitez encore. Faites dissoudre la charentaise dans un peu d'eau, versez dans le fût, et collez avec la poudre anglaise. Laissez reposer un mois, et vous aurez une excellente eau-de-vie.

On obtient également une bonne eau-de-vie par le procédé suivant :

Sirop de raisin.............	4 litres.
Vin muscat (moscatel doux d'Espagne)................	2
Ether de fine champagne. ..	1 flacon.
Charentaise................	100 gram.

Opérez comme ci-dessus.

Coloration

On colore ces dédoublages comme ceux des alcools de vin (voir ci-dessus).

Clarification

La clarification de ces 3/6 dédoublés a lieu par la poudre anglaise; mais il est préférable de la faire à l'aide de la poudre clarifiante des eaux-de-vie, qui a plus d'énergie et qui tend à affiner ces liquides.

Pour éviter de recourir à une autre brochure, nous allons donner un tableau de mouillage des 3/6 pour les titres les plus usités [1].

TABLEAU DE MOUILLAGE

Indiquant la quantité d'eau à employer par hectolitre d'alcool, pour le réduire au degré voulu.

DEGRÉ à réduire	DEGRÉ à obtenir	QUANTITÉ d'eau à ajouter	DEGRÉ à réduire	DEGRÉ à obtenir	QUANTITÉ d'eau à ajoutée
94	50	89	»	47	28
»	49	93	»	46	31
»	48	97	55	50	10
»	47	101	»	49	12
»	46	105	»	48	15
90	50	84	»	47	17
»	49	88	»	46	20
»	48	92	52	50	4
»	47	96	»	49	6
»	46	100	»	48	8
85	50	73	»	47	11
»	49	77	»	46	13
»	48	81	50	50	0
»	47	85	»	49	2
»	46	89	»	48	4
60	50	20	»	47	6
»	49	23	»	46	8
»	48	25			

1. Pour plus de renseignements à ce sujet, voir le *Petit Manuel du Négociant d'eau-de-vie. Liquoriste, Marchand de vins et Distillateur*, par MM. RAVON et MALEPEYRE, 1 vol. in-48. 75 centimes.
Cet ouvrage se trouve à la *Librairie Encyclopédique de Roret*, rue Hautefeuille, 12.

La quantité de litres est exprimée en nombres ronds, parce qu'il serait à peu près inutile de la donner exacte, comme on va le voir, et qu'il faut toujours s'assurer, le lendemain, du degré réel. Les différences étant en moins, on n'est pas exposé à abaisser à un titre trop bas.

On croit généralement qu'en mêlant 1 litre d'eau à 1 litre d'alcool, on obtient 2 litres de liquide, c'est une erreur. Il se dégage une certaine quantité de gaz qui réduit le poids et le volume de la mixtion. Le manquant, pour les 3/6 de vin, est de 1/10 de la quantité d'eau employée; pour les alcools d'industrie, elle varie entre le 9° et le 10°.

Ceci est fondé sur ce que l'alcool ayant moins de pesanteur que l'eau, il se fait, au moment du mélange, une *concentration* qui absorbe une partie de son volume. Il faut donc que l'eau soit ajoutée dans une proportion qui remplace celle qui est ainsi absorbée.

Cette concentration peut être calculée à raison de 3 litres 71 centilitres pour 100 litres d'alcool à 85° réduit à 49°, c'est-à-dire que pour obtenir 173 litres 68 centilitres eau-de-vie à 49° avec 100 litres d'alcool à 85°, il faut ajouter 77 litres 39 centilitres, au lieu de 73 litres 68 centilitres que donnent les calculs mathématiques anciennement faits. Le tableau ci-dessus a rectifié en partie ce vice qui existait dans les tableaux anciens. Les fractions seules sont négligées comme inutiles.

Voici un fait rapporté par F. Robert, au sujet de la concentration : une expérience faite à Cambrai, dans les magasins de M. Huart-Crépin, a produit le résultat suivant :

« Après avoir empli et mesuré bien exactement, dit-il, une pipe de 600 litres d'esprit à 33 degrés, on en a extrait 255 litres pour

» couper à 19 degrés, les 345 litres restant dans
» la futaille. Au lieu de 255 litres, quantité
» extraite, il est entré 267 litres 85 centilitres
» d'eau, c'est-à-dire environ 13 litres de plus. »

Le tableau de mouillage que nous donnons ci-dessus fait la compensation approximative, en tenant une moyenne de ces différences qui sont variables, suivant la nature des 3/6 employés.

EAUX-DE-VIE

Amélioration. — Rectification. — Mouillage. — Coloration. — Vieillissement. — Bouquet. — Clarification. — Mauvais goût. — Goûts de fût.

Amélioration

Tout ce que nous avons dit de l'amélioration des alcools est applicable aux eaux-de-vie. Les soins que l'on doit apporter à séparer les produits provenant de mauvais vins, de vins aigris ou gâtés, ou de mauvais goût, doivent être scrupuleusement les mêmes. La moindre addition de ces eaux-de-vie douteuses ou vicieuses, suffit pour ôter de la qualité aux bonnes.

Rectification

Toute eau-de-vie doit être convenablement rectifiée, au bain-marie ou à la vapeur, en ayant soin de ne jamais tirer à plus de 55 à 60 degrés pour les eaux-de-vie de vin; quant aux eaux-de-vie de marc communes, il faut de toute nécessité les convertir en 3/6, si l'on veut enlever le goût de l'huile essentielle dont elles sont infectées.

Si une rectification a été mal conduite et que l'eau-de-vie soit vicieuse ou douteuse seulement, il ne faut pas hésiter à la rectifier de nouveau ; c'est le moyen le plus sûr et le plus prompt de la ramener à la qualité requise. Il ne doit y avoir d'exception que pour les produits de basse qualité qui n'ont pas une valeur vénale sensiblement plus élevée, bons que médiocres ; le bouilleur doit être bon juge de ses intérêts en pareil cas.

Les personnes étrangères à la distillation croient souvent que rectifier une eau-de-vie, c'est simplement en élever le titre par une nouvelle distillation, c'est une erreur : par rectifier, on doit entendre ajouter de l'eau en quantité presque égale à celle de l'eau-de-vie, et redistiller.

Mouillage

Le mouillage des eaux-de-vie se fait de trois manières : avec de l'eau distillée, de l'eau de pluie et de l'eau de rivière ou de puits, quand cette dernière ne contient pas de chaux ou est potable, et, enfin, avec des eaux de chêne.

L'eau distillée s'emploie pour le mouillage des eaux-de-vie fines, l'eau de rivière, de pluie et les eaux de chêne, pour les eaux-de-vie communes.

Nous avons précédemment indiqué la manière de faire les eaux de chêne ; mais nous répétons que ces préparations ne doivent entrer qée ue dans les eaux-de-vie moyennes, elles gâteraient les bonnes et seraient insuffisantes pour les médiocres dont elles ne feraient qu'augmenter souvent les mauvaises qualités, en ajoutant un goût étranger au mauvais goût existant sans le détruire et sans même le masquer.

Nous sommes d'avis qu'on n'ajoute rien à une eau-de-vie parfaite, à une fine champagne, rien, si ce n'est de l'eau distillée pour la réduire à 50°, si elle porte 60°; il faut la laisser vieillir en fût, et attendre de son âge ses qualités.

On doit loger une telle eau-de-vie dans un fût neuf, lavé trois ou quatre fois à l'eau bouillante qu'on laisse séjourner une journée dans le fût, afin de dissoudre les matières extractives du bois qui donneraient immédiatement de l'astringence, du goût et de la couleur à la liqueur. On peut utiliser les vieux fûts qui ont contenu de l'eau-de-vie de bonne qualité et même ceux où l'on a logé des rhums; mais ceux-ci doivent subir aussi plusieurs lavages à l'eau bouillante.

Coloration

Les eaux-de-vie se colorent comme les 3/6 dédoublés. Nous avons dit, à cet article, tout ce qu'il est utile de faire. La coloration communiquant toujours un arrière-goût à l'eau-de-vie, nous conseillons de ne jamais colorer les fines champagnes, parce que les matières extractives du bois de la futaille suffisent pour leur donner assez de couleur.

La coloration qui nous a le mieux réussi, dans toutes les occasions, c'est la charentaise; elle donne une belle couleur ambrée, et exalte le bouquet de l'eau-de-vie; il n'en faut qu'une

faible quantité pour colorer; un litre suffit pour
10 hectolitres.

Vieillissement et bouquet

Les eaux-de-vie gagnent à vieillir comme le
vin ; de là le motif qui fait que l'on cherche à
produire le vieillissement le plus rapidement
possible.

On a proposé bien des moyens, publié bien
des recettes pour vieillir les eaux-de-vie. On a
conseillé d'y introduire de l'ammoniaque liquide
pour opérer la décomposition des huiles essentielles, d'y ajouter diverses décoctions et infusions, etc. Tous ces procédés sont sans effets;
nous l'avons dit à l'article *vieillissement des
alcools*. Toutes ces préparations ne font que
communiquer des goûts étrangers à l'eau-de-vie.
Nous allons indiquer les moyens employés par
la plupart des maisons qui s'occupent du commerce des eaux-de-vie en grand.

Voici la formule générale. Pour 100 litres,
prenez :

Sirop blond de raisin........	3 litres.
Rhum....................	4
Rancio..................	4 flacon.
Charentaise..............	400 gram.
Eau....................	2 litres.
Poudre anglaise..........	20 gram.

Faites dissoudre le sirop dans l'eau bouillante
et la charentaise et versez dans le fût en agitant;
mêlez le rhum avec le rancio, versez le tout
dans le fût et agitez de nouveau. Collez à la

poudre anglaise et laissez reposer jusqu'à clarification.

S'il s'agit de vieillir de l'eau-de-vie qui a fortement le goût de chaudière, il faut procéder autrement, on doit :

1º Coller à la poudre clarifiante (voir *aux produits œnologiques*) ; 2º puis, quinze jours après, opérer comme ci-dessus en modifiant la formule comme il suit :

Sirop blond de raisin.......	3 litres.
Tafia......................	2
Rancio....................	1 flacon.
Charentaise...............	100 gram.
Eau.......................	2 litres.
Poudre anglaise...........	25 gram.

On laisse 4 ou 5 litres de creux, on soutire après clarification et on colle de nouveau, s'il en est besoin.

Pour les eaux-de-vie de marc, il faut opérer d'une manière encore plus énergique (après le collage à la poudre revivifiante).

Sirop blond de raisin.......	3 litres.
Tafia......................	2 lit. 1/2
Rancio....................	1 flacon 1/1
Charentaise...............	150 gram.
Eau.......................	2 litres.
Poudre anglaise...........	150 gram.

Opérez comme ci-dessus.

Par ce procédé, l'eau-de-vie est jaune : si on veut l'avoir blanche, on supprimera la charenlaise. Cette eau-de-vie, quoique vieille, a toujours son goût de marc, qui ne peut disparaître que par la rectification.

Toutes les eaux-de-vie de vin ont un bouquet particulier qui les distingue ; les 3/6 d'industrie n'ont qu'un arome plus ou moins désagréable. Le producteur et le commerçant doivent donc, chacun en ce qui le concerne, s'attacher à développer le premier et à masquer ou à détruire le second.

Pour que le bouquet des eaux-de-vie se développe, il faut qu'elles soient réduites à 48 ou 50°, qu'elles soient logées dans des vases propres où elles puissent séjourner sans être exposées à en extraire des matières, des principes, des aromes étrangers, tels que ceux provenant du tannin, de la gomme, de la résine, etc., etc., contenus dans le bois de la futaille ; de là, la nécessité d'employer des vases en châtaignier et en chêne, préparés à l'eau bouillante, comme nous l'avons dit plus haut ; car ces matières extractives sont puissamment dissoutes, absorbées par l'eau-de-vie et combinées avec elle.

Il y a des substances qui font développer le bouquet d'une manière remarquable : tel est le *rancio des eaux-de-vie* (voir *aux produits œnologiques*) ; c'est pourquoi nous en avons conseillé l'emploi dans les formules précédentes. Non-seulement ce produit exalte le bouquet, mais encore il le fait naître ; il parfume l'eau-de-vie et la vieillit ; c'est ce qui lui a fait donner le nom de *rancio* qui ne signifie rien autre chose que *goût de vieux*. (Les Espagnols donnent le nom de *rancio* au vin qui a vieilli, et qui de rouge est devenu jaune.)

Les 3/6 d'industrie dédoublés ont besoin d'un agent plus actif que le *rancio*, il leur faut l'essence de cognac, ainsi que nous l'avons dit ;

nous le répétons ici pour que l'on évite de les
confondre ; car le rancio appliqué à l'eau-de-vie
résultant d'un coupage de 3/6 de betteraves ne
produirait nul effet.

Clarification

On ne devrait jamais avoir besoin de clarifier
les eaux-de-vie si elles n'étaient pas allongées,
et si on ne les soumettaient à aucun travail pour
la coloration, l'abaissement du titre, etc., etc.;
mais il n'en est pas ainsi. Un simple coupage
avec de l'eau, même distillée, suffit pour rendre
une eau-de-vie trouble; parce qu'elle met à nu les
huiles essentielles qui, en se reformant, restent en
suspension dans le liquide. Pour remédier à ces
inconvénients, il est indispensable de recourir
à un collage.

On colle l'eau-de-vie avec la gélatine, la colle
de poisson, les blancs d'œufs, etc. Encore une
fois, ces matières doivent être proscrites. Elles
n'ont qu'une faible action clarifiante et elles
communiquent un goût désagréable aux eaux-
de-vie, les œufs sains exceptés; mais leur action est nulle. Donc, il vaut mieux ne pas les
employer et recourir à un agent plus actif et
d'ailleurs plus économique.

La gélatine reste en suspension très-souvent
dans le liquide, ce qui lui donne une apparence
désagréable et altère sa qualité. La colle de poisson est sujette au même inconvénient. Les seuls
agents de clarification que l'on doive employer,
sont : la *poudre anglaise*, la *poudre clarifiante
des eaux-de-vie*, et la *poudre revivifiante* (voir aux
produits œnologiques). Ces poudres n'ont pas
d'odeur, elles ne restent jamais en suspension,
elles affinent l'eau-de-vie, s'emparent d'une

partie des huiles essentielles qui s'y trouvent, facilitent le développement du bouquet ou le mettent à nu, ce qui est la même chose pour le dégustateur.

Mauvais goût, goûts de fût

Le mauvais goût des eaux-de-vie provient toujours ou de ce qu'on les a logées dans des fût infects, mal conditionnés ou des substances qu'on y a introduites pour les travailler.

Si le goût est très-mauvais et très-prononcé, il faut renoncer à les remettre dans leur état normal, autrement que par une bonne rectification.

Si l'eau-de-vie est de bonne qualité et vieille, il faudra tenter l'opération suivante. Pour 100 litres, prenez :

Poudre revivifiante.......... 150 gram.

Collez avec cette poudre et soutirez dans un fût neuf, après quatre ou cinq jours ; mais en ayant soin d'agiter tous les jours et même de donner un demi-tour au fût. Cela fait, prenez :

Rancio. .... 1/2 flacon.
Poudre anglaise............ 50 gram.

Versez le rancio dans le fût et agitez. Collez à la poudre anglaise et laissez reposer. Dégustez, après quelques jours, et si l'eau-de-vie a encore du goût, recommencez l'opération, mais en ajoutant 100 grammes de poudre clarifiante avec la poudre revivifiante.

Si l'eau-de-vie n'est que de seconde qualité, on lui fera subir le traitement suivant, après, toutefois, l'avoir soumise à l'action de la poudre revivifiante :

Rhum............................	1 litre.
Rancio...........................	1 flacon.
Poudre clarifiante des eaux-de-vie...................	50 gram.
Poudre anglaise.................	25

On mélange le rancio au rhum et on jette dans le fût ; cela fait, on colle séparément avec la poudre clarifiante d'abord, puis, quelques heures après, avec la poudre anglaise.

DU RHUM

Conservation. — Clarification. — Perte du bouquet. — Moyen de le lui rendre. — Rhum français par distillation. — Rhum factice.

On nomme *rhum* l'eau-de-vie provenant de la distillation du vin de canne à sucre et de ses débris fermentés. Le *tafia* est l'eau-de-vie de mélasse de canne. On ne fabrique plus ou plus guère de rhum, par suite de la facilité avec laquelle on vend les sucres bruts des colonies. Tout ce qui est vendu comme rhum n'est autre chose que du tafia plus ou moins bien fait. Les bonnes eaux-de-vie de mélasse, bien rectifiées, forment le rhum ; celles qui sont manquées ou inférieures sont vendues comme tafia. Un homme distingué, un savant et un planteur, le docteur Beaumont, d'origine anglaise, nous a assuré que le rhum véritable de la Jamaïque ne vaut jamais moins de 14 à 16 francs le gallon (4 litres et demi), qu'il l'a lui-même payé ce prix aux Iles, pendant plus de quinze ans. Mais aussi, nous disait-il, peu de personnes se doutent en France de ce que c'est que du rhum pur et vrai.

Conservation

Le rhum se conserve comme l'eau-de-vie; dans des fûts où il acquiert de la qualité. On le laisse en vidange pendant les six premiers mois, après ce temps, on doit le bonder et le remplir avec soin pour lui conserver la finesse de son parfum et sa force. Pour le rhum et les tafias saucés cette prescription doit être encore plus rigoureusement observée.

Clarification

Il arrive très-souvent que les rhums plus ou moins factices sont troubles et n'ont pas le brillant que l'on aime tant à voir dans les liquides; ceux qui sont fortement *saucés* sont plus sujets que les autres à perdre leur limpidité. Dans ce cas, il faut les coller à la poudre anglaise et en augmenter le degré en y ajoutant de l'alcool. S'ils ont trop de parfum ou un arome peu agréable, on les collera avec la poudre clarifiante des eaux-de-vie. Enfin, s'ils ont un goût de *brûlé*, un *goût de chaudière* trop prononcé, on en aura raison en les collant à la poudre revivifiante et à la poudre clarifiante des eaux-de-vie en même temps.

On appelle *rhums saucés* ceux auxquels on ajoute diverses substances dans le dessein de leur donner plus d'arôme. Ces *sauces* ne sont autre

18.

chose que des infusions de cuir et de quelques aromates. Cette prat que est faite pour produire une liqueur à l'usage de ceux qui ont le palais blasé, et qui ne perçoivent plus les arômes qu'à haute dose. Le rhum saucé est au rhum ou au tafia ce que l'eau-de-vie de marc est à la fine champagne.

Perte de bouquet

Les rhums saucés, par cela même qu'ils l'ont été, n'ont qu'un parfum fugace qui n'est qu'à l'état de mélange et non à l'état de combinaison; c'est pourquoi il est susceptible de s'évaporer en grande partie : il suffit pour cela que le fût où ils sont logés soit en vidange ou mal bondé. Quand semblable chose arrive, on y remédie facilement en versant dans le fût un simple flacon d'*essence de rhum* (voir *aux produits œnologiques*) par barrique de 100 litres.

Fabrication du rhum en France

On peut fabriquer en France des rhums ou des tafias d'aussi bonne qualité que ceux qui nous viennent des colonies, le tafia du moins. Nous allons donner une recette que nous tenons d'un fabricant prussien. Nous l'avons éprouvée nous-même et nous en avons été satisfait.

On prend :

Mélasse véritable de canne..	100 kilog.
Canne sèche coupée par morceaux..................	40
Eau.........................	300 litres.
Ferment.....................	4 kilog.

Versez 50 litres d'eau bouillante sur la canne, laissez en infusion pendant deux heures, en ayant soin de remuer de temps en temps. D'autre part, faites chauffer 150 litres d'eau à 60°; versez sur la mélasse et brassez pour mélanger. Réunissez les deux mélanges et ajoutez de l'eau chaude ou froide, selon la température, pour que la masse porte 28°, pour absorber les 100 litres restant. Cela fait, brassez, tirez dans un baquet 10 litres du moût, délayez-y le ferment (levûre de bière) et laissez eu repos pendant quelque temps. Aussitôt que le liquide s'élève et que les écumes montent en dégageant du gaz, versez dans la cuve sur le moût et brassez de nouveau pour opérer le mélange ; couvrez la cuve et entretenez la température à 25 ou 22° au moins. Veillez à ce que la masse ne soit jamais entre le 28° et le 34° degré, car c'est entre ces deux températures que la fermentation acéteuse se produit avec le plus de force et le plus de rapidité.

Laissez agir la fermentation pendant 5 ou 6 jours, et distillez quand le moût ne marque plus que zéro ou un demi-degré au saccharomètre ou pèse-sirop, et enfutaillez dans des fûts neufs ou qui ont contenu déjà du rhum.

La distillation doit être faite au bain-marie ou à la vapeur, ainsi que la rectification. On obtient, par ce procédé, de 100 à 110 litres de rhum à 50° ou 60°.

Quand on veut un rhum plus aromatique, on ajoute 7 à 8 kilogrammes de pruneaux que l'on écrase avec un marteau et que l'on met en infusion avec la canne.

On distille la canne sans soutirage avec le moût. Si les fûts sont neufs, on ne les lave pas, c'est le contraire de ce qui se pratique pour les eaux-de-vie : cela tient à ce que les matières extractives du bois sont utiles ici.

On colore au caramel, on laisse 4 litres de vide et on bonde hermétiquement.

Rhum factice

On vend une grande quantité de rhum à bas prix ; ces rhums sont fabriqués sans distillation, et comme il suit :

Pour 50 litres de rhum, prenez :

3/6 réduit à 60 degrés......	42 litres.
Essence de rhum...........	1 flacon.
Mélasse de canne...........	1 kilog.
Tafia.....................	5 litres.
Eau......................	1 litre.
Poudre anglaise...........	20 gram.

Versez l'essence de rhum dans le fût et agitez vivement ; ajoutez le tafia ; puis la mélasse délayée dans l'eau, agitez et collez avec la poudre anglaise, comme d'usage.

KIRSCH

Amélioration. — Refermentation des marcs. — Conservation. — Décoloration. — Perte du bouquet. — Fabrication du kirsch factice.

Le kirsch est de l'eau-de-vie de vin de cerises qu'on obtient en faisant fermenter le fruit écrasé. Toutes les cerises peuvent donner du kirsch;

mais celles cultivées à Luxeuil, dans la Haute-Saône, celles de la Forêt-Noire, en Suisse, sont les meilleures espèces. Il en est de cette culture comme de celle de la vigne : tous les sols ne sont pas propres à produire du bon kirsch.

On fait aussi du kirsch avec la prune, la prunelle ou prune sauvage, et tous les fruits à noyaux; mais la cerise est le seul qui donne lieu à une exploitation en grand. L'eau-de-vie de prunes porte le nom de kœtsch-wasser; elle est très-bonne quand elle est bien faite; mal préparée, elle n'est qu'une liqueur détestable.

Pour que le kirsch soit bon, il faut que le procédé de fabrication le soit lui-même. Pour cela, on doit mettre de côté les fruits sains et mûrs, rejeter ceux qui sont avariés ou trop verts. Diriger convenablement la fermentation, distiller lentement et au bain-marie ou à la vapeur; en un mot, suivre ce que nous avons dit pour obtenir de bonnes eaux-de-vie.

Refermentation des marcs

La cerise produit un vin peu généreux; on peut sans nuire essentiellement à la qualité du kirsch, en doubler la quantité. Pour cela, il suffit d'ajouter au marc une matière sucrée et de déterminer une nouvelle fermentation ; on obtient ainsi un vin plus riche en alcool, qui n'a que fort peu perdu de son bouquet, car les huiles essentielles de la cerise sont plus que suffisantes pour aromatiser le double de l'alcool qu'elles rendent à la distillation.

Expliquons ce fait que nous produisons le premier.

Quand on distille du vin de cerises, on obtient des petites eaux que l'on rectifie. Si on laisse refroidir les vinasses, on s'aperçoit qu'une pellicule blanchâtre se forme à leur surface : c'est l'huile essentielle qui n'a pas monté, c'est la partie la plus aromatique de l'alcool. Or, admettons que 100 litres de kirsch contiennent 10 grammes d'huile essentielle, nous posons en fait qu'il doit en rester pareille quantité dans la vinasse et encore pareille quantité dans le marc.

Si ces principes sont vrais, il est évident qu'on pourrait facilement doubler la quantité de kirsch en sucrant le moût, comme nous venons de le dire, ou, ce que nous préférons, en faisant refermenter le marc de cerises, attendu que, d'une part, la quantité d'huile essentielle qui reste dans les marcs et les vinasses est plus grande que celle qui est entraînée par l'alcool; de l'autre, que l'huile essentielle de la cerise est très-aromatique et qu'il n'en faut qu'une faible quantité pour parfumer beaucoup d'alcool.

On nous objectera peut-être que les matières sucrées ajoutées apporteront, elles aussi, l'odeur *sui generis* de leurs huiles essentielles; nous ne le nions pas; mais on doit tenir compte de ce que l'élément principal étant en dehors de cette matière sucrée, il est l'agent essentiel, tandis que cette dernière ne joue qu'un rôle secondaire et que ses propriétés se trouvent dominées, effacées par l'acte de la refermentation.

Ceci posé, nous allons établir une formule d'après laquelle on peut obtenir un kirsch de *seconde* de bonne qualité et d'un prix de revient très-bas.

Nous l'avons déjà dit plus haut, nous n'admettons pas le principe de Chaptal pour le sucrage des moûts, si ce n'est dans une année de disette et lorsque les raisins sont verts; hors de là, nous ne voulons pas de mélange, nous voulons le produit pur d'un côté, le produit artificiel de l'autre. Ce que nous rejetons pour le raisin, nous le rejetons également pour la cerise. Nous ne parlerons donc pas du sucrage du moût de cerises, mais seulement du sucrage et de la refermentation des marcs de cerises.

Prenez :

Marc pressé...............	100 kilog.
Sucre, sirop de fécule ou cassonade................	50
Eau......................	200 litres.
Ferment..................	4 kilog.

Délayez la matière sucrée avec 150 litres d'eau chauffée à 50°, jetez ce sirop sur le marc et brassez; ajoutez ensuite les 50 autres litres d'eau froide, de manière à réduire la masse à 28° au plus. Cela fait, tirez 10 litres du moût ainsi préparé et versez-y le ferment, après l'avoir préalablement délayé dans une petite quantité de ce liquide; agitez le tout dans le baquet et laissez la fermentation se manifester. Aussitôt que les écumes recouvriront la surface du liquide, versez-le dans la cuve, bouchez-la et laissez agir. Surveillez, réchauffez au besoin, et soutirez quand votre fermentation est terminée.

L'eau-de-vie de prunes est bonne quand elle est faite avec soin; néanmoins, elle conserve un goût assez peu agréable, provenant de ses huiles essentielles. On corrige ce défaut en ajoutant, lors de la rectification, quelques feuilles de pêcher et de laurier-cerise. Voici la formule :

> Petites eaux de prunes à 18
> ou 20 degrés centésimaux . 100 litres.
> Feuilles de pêcher séchées à
> l'ombre.................... 600 gram.
> Feuilles de laurier-cerise sé-
> chées à l'ombre.......... 400

Distillez au bain-marie, lentement, en rejetant les 6 premiers litres dans l'alambic, par le tuyau de cohobation. Séparez les flegmes et servez-vous en pour la rectification qui suivra.

On peut aussi employer la formule suivante, mais elle est moins bonne que la précédente :

> Petites eaux............... 100 litres.
> Feuilles de pêcher vertes.... 400 gram.
> Noyaux de cerises concassés. 500

Si l'eau-de-vie de prunes est faite à son titre, on se trouvera bien du traitement que voici :

> Eau-de-vie de prunes........ 100 litres.
> Essence de kirsch............ 1 flacon.
> Sucre candi................. 300 gram.
> Eau........................ 1 litre.

On fait dissoudre le sucre candi dans un litre d'eau bouillante, on filtre au papier et on jette le tout dans le fût; puis on verse l'essence de kirsch et l'on agite vivement. On obtient ainsi une analogie parfaite avec le kirsch.

Il arrive parfois que l'eau-de-vie de prunes a le goût de pourri. Ce goût provient de la mauvaise fermentation et du défaut de soins dans la manipulation et le transport de la prune. Il est très-difficile d'en débarrasser le liquide, autrement que par une rectification sur les feuilles de pêcher, comme nous venons de l'indiquer plus haut, en doublant toutefois les doses.

Conservation

On conserve le kirsch dans des bonbonnes ou touries en verres; s'il était logé dans des fûts, il prendrait de la couleur et le goût du bois, ce qui couvrirait la séve du kirsch et lui ôterait son bouquet.

Pour que le kirsch perde son *goût de chaudière*, on bouche les touries et bonbonnes avec un parchemin, et non avec un bouchon. Pour faciliter le dégagement du goût de distillé frais; on perce même le parchemin de nombreux trous avec une épingle, ou on emploie un linge plié en quatre doubles, qui remplit le même but. On laisse le kirsch seulement un mois ou six semaines dans cet état, passé lequel temps, on bouche avec un liége.

Bouquet

Il arrive parfois que le kirsch manque de bouquet et de parfum, ou de goût. Ceci est le propre de certaines mauvaises années. On y remédie facilement comme il suit.

Prenez :

Kirsch...................... 100 litres.
Essence de kirsch.......... 1 flacon.

Versez l'*essence* dans le kirsch, agitez et fermez hermétiquement. Si le kirsch est nouveau et légèrement amer, modifiez la recette comme ceci :

Kirsch...................... 100 litres.
Essence de kirsch.......... 1 flacon.
Sucre candi blanc.......... 500 gram.
Eau filtrée ou distillée...... 1/2 litre.

On verse l'essence dans le kirsch, on fait fondre le sucre dans l'eau, on filtre ce sirop, on verse dans la liqueur et on agite.

Quand le kirsch est nouveau, et qu'on le laisse débouché pendant très-longtemps, cela n'a d'ordinaire que l'inconvénient d'en abaisser le titre; mais s'il est vieux, le bouquet s'évapore en grande partie, ce qui nuit à la liqueur et lui ôte la principale de ses qualités. Pour remettre ce kirsch dans son état normal, il suffit de lui faire subir l'opération suivante :

Prenez :

Kirsch...................... 100 litres.
Essence de kirsch........... 1 flacon.
Kirsch nouveau............. 15 litres.

Mélez le tout, agitez et bouchez hermétiquement.

Kirsch *factice*

Le besoin de produire des liquides à bas prix oblige très-souvent le commerçant à recourir à des coupages de 3/6 avec du kirsch. C'est ce qui a lieu sur une grande échelle dans le département de la Seine. Paris est probablement le pays où l'on vend, débite et boit les plus mauvais liquides. Il nous est arrivé bien souvent d'avoir à déguster des kirschs dans lesquels il n'y en avait pas une goutte. Comment en serait-il autrement quand l'on vend quelquefois 50 pour cent de moins que le producteur? et c'est ce qui a lieu tous les jours.

Quoi qu'il en soit, puisque cette habitude est prise et que nulle puissance ne pourra l'empêcher, pas plus que de vendre du 3/6 pour du cognac, nous allons du moins indiquer les moyens de rendre ces mélanges plus agréables.

Si l'on veut allonger du kirsch avec du 3/6, on devra suivre la formule que voici :

Kirsch vrai................	25 litres.
3/6 bon goût et neutre à 50 degrés....................	73
Essence de kirsch..........	2 flacons.
Sucre candi blanc..........	800 gram.
Eau......................	1 litre.

Opérez comme il est dit ci-dessus et vous obtiendrez 100 litres de kirsch de très-bon goût et bien parfumé.

Si enfin l'on veut obtenir du kirsch entièrement factice; il faut recourir à l'un des deux moyens suivants :

Procédé par distillation:

Prenez :

3/6 bon goût à 50 degrés....	100 litres.
Feuilles de pêcher..........	1 kilog.
— de laurier-cerise....	750 gram.
Myrrhe...................	10 gram.

Mettez le tout en infusion pendant 48 heures, et ajoutez 60 litres d'eau au moment de distiller. — Distillez au bain-marie ou à la vapeur et retirez 95 litres de bon produit à 50°.

Laissez reposer, et huit jours après, ajoutez :

Essence de kirsch...........	1 flacon.
Sucre candi.................	500 gram.
Eau........................	2 litres.

Opérez comme il est dit plus haut, en versant l'essence dans le fût d'abord.

Voici encore une formule plus simple et moins coûteuse :

Procédé sans distillation :

3/6 bon goût et neutre à 50 degrés....................	97 litres.
Eau-de-vie de marc bien rectifiée.....................	3 litres.
Essence de kirsch...........	2 flacons.
Sucre candi.................	1 kilog.
Eau filtrée.................	1 litre.

Opérez comme ci-dessus.

S'il est nécessaire de boucher hermétiquement le kirsch un mois ou deux après sa distillation, cela est indispensable pour les kirschs plus ou moins artificiels.

Décoloration

Si par hasard le kirsch avait pris de la couleur, il serait facile de le décolorer, en le collant à la poudre décolorante (voir *aux produits œnologiques*).

ABSINTHE

Absinthe suisse de Pontarlier. — Absinthe de Montpellier. — Absinthe de Lyon. — Absinthe de Couvet. — Coloration. — Vieillissement. — Clarification. — Bouquet. — Pour faire blanchir l'eau. — Absinthe par essence. — Absinthe par extraits.

Quelle que soit l'absinthe que l'on veuille obtenir, le procédé de distillation est le même. Après avoir mondé les plantes, on les met en infusion dans l'alcool réduit à 60° et on laisse infuser 24 heures, on ajoute de l'eau pour réduire à 40° et on distille au bain-marie ou à la vapeur et on rectifie. On se sert d'un alambic à tête de maure et non d'un alambic à col de cygne; car ce dernier empêche en grande partie les huiles essentielles de monter.

Quelques praticiens ne réduisent qu'à 50°. Plus on réduit, plus le produit est moelleux; mais il faut tenir compte de la manière dont chaque appareil fonctionne, afin d'obtenir le degré voulu, pour n'être pas obligé de remonter ou d'abaisser le titre de la liqueur.

On doit apporter le plus grand soin dans le choix de la plante, en s'assurant qu'elle est bien parvenue à un degré suffisant de croissance : rien n'est plus détestable qu'une absinthe distillée avec des plantes coupées dans l'état herbacé. Pour que le produit soit bon, il faut que l'absinthe soit sur le point de fleurir, c'est-à-dire que les pétales de la fleur s'aperçoivent à peine.

Voici les différentes formules d'absinthe. Elles sont faites pour obtenir 100 litres de liqueur à 72 ou 75°.

19.

Absinthe suisse de Pontarlier

Cette absinthe est l'une des plus réputées et elle l'est à juste titre.

Grande absinthe sèche......	1 kil. 800
Petite absinthe............	1 kilog.
Anis vert pilé.	5
Fenouil de Florence pilé.....	4
Dictame de Crète...........	250 gram.
Alcool à 90 degrés.........	92 litres.

Opérer comme il est dit ci-dessus et mettre de côté les flegmes pour les rejeter dans une autre distillation. Rectifier au bain-marie pour retirer 100 litres seulement de bon produit.

Absinthe de Montpellier

Cette absinthe est très-estimée, on la prépare comme il suit :

Grande absinthe sèche.......	2 kilog.
Petite absinthe sèche.......	500 gram.
Anis vert pilé.............	5 kilog.
Badiane pilée.	500 gram.
Fenouil de Florence pilé.....	4 kilog.
Coriandre pilée.	1
Graines d'angélique........	400 gram.
Alcool à 90 degrés.........	92 litres.

Opérer comme ci-dessus.

Absinthe de Lyon

Prenez :

Grande absinthe sèche......	2 kilog.
Petite absinthe.............	500 gram.
Anis vert pilé...............	7 kilog.
Fenouil................. ...	5
Coriandre....	1
Semences d'angélique.......	500 gram.
Alcool à 90°...............	92 litres.

Opérer comme ci-dessus.

Absinthe suisse de Couvet

On obtient cette excellente absinthe par le procédé suivant :

Grande absinthe sèche.......	2 kilog.
Petite absinthe.............	1
Fenouil de Florence pilé....	3
Anis vert pilé...............	7
Coriandre pilée	1
Racines d'angélique concassées	250 gram.
Menthe poivrée.............	600
Dictame de Crète..........	100

Opérer comme ci-dessus.

Coloration

La coloration de l'absinthe est chose importante, car elle influe considérablement sur le goût et la saveur de la liqueur. S'il est utile de choisir avec soin les plantes destinées à la distillation, il est indispensable de le faire minutieusement pour celles propres à la coloration. Elles doivent être sèches et bien vertes ; on doit rejeter toutes les feuilles noires et s'assurer si la plante n'a pas un goût de moisi. Les plantes en fleur conviennent moins pour la coloration ; car la chlorophylle est moins abondante que dans celles qui ne sont pas encore arrivées à ce point de maturité.

Couleur de l'absinthe de Pontarlier :

Hysope.	1 kilog.
Petite absinthe.	800 gram.
Mélisse citronnée.	500
Absinthe distillée à colorer. .	35 litres.

Écrasez, divisez, réduisez en poudre, pour ainsi dire, ces substances dans un mortier à l'aide du pilon et jetez-les dans le bain-marie de l'alambic. Lutez, chauffez doucement pour éviter que la chaleur monte trop vite et produise la distillation, et, aussitôt que vous ne pourrez plus tenir la main sur le chapiteau, éteignez le feu et laissez refroidir ; ce qui demande 12 heures environ. Alors, passez le liquide coloré à travers un linge ou un tamis en crin, faites égoutter les plantes et ajoutez cette teinture à votre distillé. Complétez les 100 litres avec de l'eau si le titre est trop élevé.

On obtient la couleur de l'absinthe de Montpellier de la même manière ; celle de l'absinthe de Lyon varie un peu ; elle se fait généralement comme il suit :

Mélisse citronnée.	700 gram.
Hysope fleurie.	600

Véronique sèche............ 500 gram.
Petite absinthe sèche....... 450

Opérez comme ci-dessus.

L'absinthe de Couvet se colore de la même manière que les absinthes de Montpellier et de Pontarlier.

La couleur verte ainsi préparée jaunit en vieillissant; on la maintient un peu en ajoutant 15 à 18 grammes d'alun dissous dans un verre d'eau. Mais, quoi qu'on fasse, la chlorophylle se précipite sitôt que la liqueur tombe à un titre inférieur à 70 degrés.

On colore encore les absinthes ordinaires de la manière suivante :

Feuilles vertes pilées (épi-
  nards, orties, morelle, etc.).   1 kilog.
Crême de tartre........... 150 gram.
Absinthe .... 10 litres.

Après infusion de quelques jours, on réunit cette couleur à l'absinthe comme il est dit plus haut, mais cette couleur ne tient pas à la lumière, même en y ajoutant la dose d'alun indiquée.

On peut encore colorer les absinthes avec la couleur verte (voir *aux produits œnologiques*).

Vieillissement

L'absinthe fraîchement distillée est âcre et sans parfum; elle a même pendant assez long-temps un goût de chaudière désagréable. Pour remédier à ce défaut, il faut exposer le fût dans un endroit frais, et même à l'air en hiver, s'il gèle ; puis, huit ou dix jours après, on soumet la liqueur au traitement suivant :

Pour 100 litres d'absinthe, prenez :

Sucre candi................	700 gram.
Sirop de raisin............	1 lit. 1/2
Eau bouillante............	2 litres.

On fait dissoudre le sucre candi dans l'eau et on verse dans le fût, après avoir filtré ce sirop dans une chausse, puis on ajoute le sirop de raisin et on fouette.

Pour les absinthes communes, on emploie tout simplement le procédé suivant :

Sucre raffiné................	500 gram.
Sirop de raisin.............	2 litres.
Eau bouillante.............	1 litre.

Opérez comme ci-dessus.

Clarification

L'absinthe se clarifie d'elle-même ; mais quand elle est vieille, qu'elle est restée en vidange, elle perd du degré, et la chrorophylle provenant des plantes qui ont servi à sa coloration, se précipite et la liqueur devient trouble. Si les huiles essentielles sont en abondance, l'alcool étant abaissé, elles s'en séparent et voyagent dans le liquide sous forme de petits globules ou de pellicules. Dans cet état, l'absinthe a perdu une partie de son parfum et de sa finesse, comme tous les liquides troubles. Il faut alors recourir au mode de clarification suivant :

Pour 100 litres, prenez :

Alcool à 95 degrés............	3 litres.
Poudre clarifiante des eaux-de-vie.................	30 gram.

Versez l'alcool dans le fût et agitez; ensuite, faites dissoudre la poudre dans un verre d'eau, mêlez avec un demi-litre d'absinthe; versez le tout dans le fût et agitez.

Par cette opération, l'alcool reprend la partie soluble des huiles essentielles libres et la poudre précipite la chlorophylle, les huiles décomposées, et le liquide redevient limpide et transparent.

Si l'on a de l'absinthe fraîchement distillée, on peut essayer d'y en mélanger, ce qui profite à l'une et à l'autre; mais il faut faire ce coupage après l'avoir essayé sur quelques litres; car si l'absinthe vieille est d'un titre trop bas, elle décomposerait l'absinthe fraîche sans bénéfice pour elle.

Dans ce cas, il faudrait recourir au procédé suivant :

Absinthe nouvelle..........	25 litres.
— vieille..........	50
Alcool.................	5
Extrait d'absinthe.........	15 gram.

Jetez l'extrait d'absinthe dans l'alcool, versez le tout dans le mélange et agitez vivement.

Il arrive aussi bien souvent que l'absinthe vieille ne fait presque plus blanchir l'eau; nous indiquerons plus loin le moyen de lui rendre cette propriété.

Bouquet

L'absinthe usée perd son parfum et sa saveur. Pour le rétablir, il faut recourir au moyen suivant :

Pour 100 litres, prenez :

Alcool à 95 degrés.........	4 litres.
Arôme de Couvet..........	1 flacon.
Extrait concentré d'absinthe.	1
Poudre anglaise..........	25 gram.

Mêlez l'arôme de Couvet et l'extrait concentré d'absinthe (voir *aux produits œnologiques*) avec l'alcool, fouettez pour les mélanger et versez dans le fût. Cela fait, collez à la poudre anglaise comme d'usage.

Absinthe qui blanchit l'eau

Toutes les absinthes rendent l'eau blanche ou laiteuse plus ou moins. Si une absinthe forte en degré de 68 à 72°, par exemple, ne blanchissait pas assez l'eau, on pourrait facilement lui donner cette propriété, il suffirait pour cela de recourir au procédé suivant :

Pour 100 litres, prenez :

Alcool à 90 degrés........	1 litre.
Arôme de Couvet..........	1 flac. 1/2
Poudre anglaise..........	20 gram.

Mêlez l'arôme à l'alcool et versez le mélange dans le fût, collez ensuite à la poudre anglaise.

en mettant le moins d'eau possible (40 centilitres).

Absinthe faite à l'essence

On débite, à Paris et dans la banlieue, des
absinthes qui ne blanchissent pas l'eau et que le
consommateur prend sans y en ajouter. C'est un
détestable breuvage ainsi composé :

Alcool à 48 degrés.........	100 litres.
Huile essentielle ou essence	
d'absinthe.............	80 gram.
Huile essentielle d'anis......	25

Cette boisson a une odeur et une saveur qui
n'ont rien de commun avec l'absinthe ordinaire.
Nous avons trouvé un grand avantage à y
substituer la recette suivante, qui donne un
produit infiniment préférable :

Absinthe avec les extraits

Alcool à 48 degrés.........	90 litres.
Alcool à 90 degrés.........	1 litre.
Extrait concentré d'absinthe.	2 flacons.
Sirop de raisin...........	4 litres.

Versez l'extrait dans le litre d'alcool à 90°,
agitez et versez dans le fût, faites dissoudre le
sirop de raisin dans 4 litres d'absinthe, versez
dans le fût et agitez de nouveau.
On peut colorer ces absinthes comme nous
l'avons dit plus haut, mais la couleur ne tient
pas. Le mieux serait de ne les pas colorer du
tout ; mais le débitant est bien obligé de se

conformer au désir du consommateur. On est donc forcé de leur donner de la couleur. Le seul moyen à employer, c'est de recourir à la couleur verte. (*Voir aux produits œnologiques.*)

LIQUEURS

Classification des liqueurs. — Esprits parfumés. — Infusions. — Filtration. — Coloration. — Clarification. — Fabrication des liqueurs. — Recettes des liqueurs faites par distillation, par essences, par extraits. — Bouchage. — Appareil à capsuler.

Classification

On désigne les liqueurs sous six dénominations différentes : liqueurs *ordinaires*, *demi-fines*, *fines*, *surfines*, *doubles*, et *liqueurs de table*. Il y a encore les *élixirs*, *les huiles*, *crèmes*, etc., dont on ne parle plus que pour mémoire. Le nom ne fait pas plus à la chose que l'étiquette du sac à son contenu. Il y a des liqueurs ordinaires qui sont préférables à certaines liqueurs fines ; cela dépend du mode de fabrication et du choix des matières employées. Nous n'acceptons donc ces désignations que pour ce qu'elles valent, c'est-à-dire comme terme de comparaison.

Avant de passer à la fabrication des liqueurs et aux formules, nous allons parler des esprits parfumés, de la manière de filtrer, de colorer et clarifier, afin que chaque fois que nous prescrirons ces opérations, on sache la manière de les faire.

Esprits parfumés

La plupart des liqueurs se fabriquent avec des esprits parfumés, distillés à l'avance et à loisir, afin de les avoir prêts au moment du besoin. Tous les esprits parfumés, de mêmes genres et espèces se font de la même manière. Nous allons donner pour exemple la fabrication de l'*esprit de menthe*.

Pour 100 litres, prenez :

Alcool à 85 degrés...	52 litres.
Menthe (feuilles et sommités).	13 kilog.

Mettez la plante en infusion, après l'avoir débarrassée de ses grosses tiges, racines, etc., pendant 24 heures dans l'alcool; ajoutez 25 litres d'eau au moment de distiller; lutez et distillez au bain-marie, pour retirer 51 litres de bon produit. Mettez les flegmes de côté pour une distillation suivante. Rectifiez au bain-marie en ajoutant 25 litres d'eau, et recueillez de même les flegmes et les mettez à part avec les premiers.

Opérez de même pour toutes les plantes, semences, racines et fleurs.

Pour les substances résineuses, telles que le benjoin, la myrrhe, l'aloès, le tolu, le goudron, la formule est la suivante :

Alcool à 85 degrés ou mieux 90 degrés...............	52 litres.
Matière résineuse.........	3 kilog.

Concassez la résine, faites-la dissoudre dans

l'alcool à 90°, et opérez pour le reste, comme il est dit ci-dessus.

Pour les aromates, tels que cannelle, girofle, macis, muscades, la formule est celle-ci :

Alcool à 85 ou 90 degrés....	52 litres.
Aromate..................	2 kil. 500

Opérez comme ci-dessus :

Le thé, le café, le sassafras, doivent être traités comme suit :

Alcool à 85 degrés.........	52 litres.
Thé ou café à moitié tor-réfié, etc...............	3 kilog.

Opérez comme pour les plantes.

Infusions

La vanille, *l'iris*, ne se distillent pas. Pour en obtenir des esprits parfumés, on a recours à l'infusion. On obtient ce produit de la manière suivante :

Alcool...................	1 litre.
Vanille..................	100 gram.

Coupez par morceaux de la grosseur d'un pois, et mettez dans l'alcool; agitez tous les jours pendant 15 jours, et employez ensuite.

Opérez de même pour toutes les autres substances que l'on ne peut distiller. Pour les fruits, cassis, merises, framboises, on les écrase et on les recouvre d'alcool jusqu'à 10 centimètres par-dessus.

Filtration

La filtration est un mal nécessaire. Si on pouvait attendre du temps la clarification des liqueurs, elles seraient plus fines et plus parfumées; mais cela nécessiterait des frais et des avances considérables qui ne sont pas à la portée de tous les distillateurs; d'ailleurs, pour les liqueurs communes, ce serait peine et dépenses inutiles. Tout le monde connaît la réputation de la liqueur de la Grande-Chartreuse. A quoi doit-elle cette réputation et ses qualités? à ce que les Chartreux laissent vieillir cette liqueur et la conservent un an ou deux avant de la livrer au commerce.

Pour opérer la filtration, il suffit d'avoir trois choses, un filtre, une chausse et du papier sans colle, dit à filtrer.

Le filtre n'est autre chose qu'un grand entonnoir en cuivre, muni d'un robinet à la douille; seulement le cône est plus allongé. Pour filtrer, il faut placer le filtre sur une table percée, afin qu'il s'y enfonce jusqu'aux deux tiers de sa hauteur; puis on ferme le robinet. Cela fait, placez la chausse en laine dans l'intérieur du filtre, et fixez-la, soit aux crochets, soit avec une ficelle qu'on tourne autour du filtre, en dehors et au-dessous du rebord. Prenez ensuite trois feuilles de papier, brisez-les entre les mains après les avoir mouillées, réduisez-les en pâte en les pétrissant avec les mains et en les agitant avec un balai d'osier dans une petite quantité d'eau. Versez alors, et peu à peu, de l'eau jusqu'à concurrence de 15 à 18 litres, en continuant d'agiter; versez cette bouillie dans la chausse et ouvrez le robinet. Recevez l'eau dans un baquet, recueillez avec la main la pâte de papier qui est tombée au fond de la chausse, et délayez-la de rechef dans l'eau. Placez un grand entonnoir en fer-blanc au-dessus de votre chausse pour vous permettre de verser cette nouvelle bouillie sans qu'elle touche aux parois latérales de la chausse ; assurez-vous que le papier est bien pris partout, laissez égoutter 10 minutes et versez votre liqueur. Laissez passer une fois, puis recommencez l'opération, car une liqueur ne saurait être claire à la première filtration. Pour cela, il faudrait avoir la précaution de rejeter les premières parties dans la chausse et que la couche de papier fût très-épaisse.

On prend d'ordinaire une feuille de papier pour un filtre de 8 à 10 litres, 2 feuilles pour 18 litres, et 3 feuilles pour 25 à 30 litres.

Si votre liqueur contenait une trop forte quantité de parfum et qu'elle ne s'éclaircît pas après deux ou trois filtrations, il faudrait vérifier si la quantité d'alcool n'est pas trop faible. Si la dose était suffisante, c'est que celle de parfum serait trop considérable, et il faudrait en extraire une partie comme suit.

Pour 100 litres de liqueur, prenez :

Poudre clarifiante des eaux-de-vie......................	150 gram.
Eau..............................	1/2 litre.
Liqueur à filtrer...........	2 litres.

Faites dissoudre la poudre clarifiante avec l'eau, fouettez, ajoutez la liqueur, mélangez le tout et versez dans votre liqueur. Cela fait, fouettez de nouveau pour bien opérer le mélange, et filtrez.

Dans tous les cas, nous conseillons de ne jamais filtrer sans avoir collé deux jours à l'avance au moins. (*Voir l'article ci-dessous, Clarification.*)

Clarification

Le meilleur moyen de clarification, c'est le repos ou le collage, quand on n'est pas pressé de livrer.

On colle les liqueurs avec la colle de poisson, la gélatine, la poudre anglaise, les blancs d'œufs et la poudre filtrante. Nous ne voulons pas répéter ce que nous avons dit de toutes ces substances; la meilleure est la poudre filtrante; seulement, elle ne doit pas être employée pour le curaçao, s'il contient de la décoction de campêche, car il noircirait. Cette poudre agit avec une grande énergie sur toutes les liqueurs, elle est souvent précieuse pour celles qui contiennent des sirops de fécule mal préparés, des sucres mal raffinés; son effet est infaillible. Elle possède aussi la qualité d'être très-économique, car il suffit de 18 à 20 grammes pour un hectolitre : c'est à peine 25 centimes par hectolitre.

Son emploi est très-facile. Pour 100 litres de liqueur, prenez :

Poudre filtrante............	20 gram.
Eau.....................	50
Liqueur à coller...........	1 litre.

On dissout la poudre dans l'eau en agitant avec un balai d'osier ou une cuiller en bois; on ajoute la liqueur et on mélange, puis on colle avec cette mixtion comme d'usage.

On se trouve très-bien de coller ainsi deux ou trois jours à l'avance les liqueurs à filtrer. Quoique la clarification ne soit pas sensible, l'action du filtre est plus énergique et la liqueur n'est pas sujette à déposer en bouteilles, comme cela arrive quand on filtre les liqueurs presque aussitôt après la fabrication.

Coloration

La coloration n'ajoute rien à la saveur des liqueurs; elle a dû avoir pour but principal de dissimuler la couleur légèrement jaune que donnent le sucre mal raffiné et les sirops mal faits. Tout le monde sait qu'on obtient la couleur jaune avec le caramel, le rouge avec l'orseille, le bleu avec l'indigo, le vert par le mélange du jaune et du bleu. On trouve ces couleurs toutes préparées dans le commerce, et nous engageons ceux qui n'en consomment pas une grande quantité à les acheter toutes faites. (*Voir aux produits œnologiques.*)

Fabrication des liqueurs

Nous allons donner les formules de toutes les *liqueurs classiques*, laissant de côté les liqueurs de fantaisie qui n'ont qu'un écoulement très-limité, une existence passagère, ou qui sont peu estimées du public.

Avant de donner la composition de chaque liqueur en particulier, nous allons indiquer le moyen de préparer les esprits parfumés ou distillés qui servent à fabriquer celles dites de distillation, en suivant l'ordre alphabétique.

Esprits parfumés

Pour obtenir des esprits parfumés de bonne qualité, il faut employer de bonnes matières premières, tant en alcool qu'en parfum.

Quoi qu'on fasse, on n'obtiendra jamais rien de bon en employant des alcools d'industrie, soit de betteraves, soit de grains, soit même de riz ou autres. Il n'y a que les alcools de vin qui puissent donner de bonnes liqueurs. Cependant, comme l'on emploie presque exclusivement les premiers, nous allons les prendre pour type, soit à 90°, soit réduits à 85°.

Il faut donc :

1° De l'alcool, bon goût ;
2° De bons parfums, racines, plantes, etc. ;
3° Concasser, piler ou écraser les substances parfumées ;
4° Les mettre dans de l'alcool réduit au degré indiqué, et les y faire macérer au moins 24 heures ;
5° Distiller au bain-marie ;
6° Rectifier le produit de la distillation.

Toutes les matières résineuses qui ne sont solubles que dans l'alcool, peuvent être distillées dans de l'alcool réduit à 75°. Les matières semi-résineuses, comme la myrrhe, l'aloès, se distillent à 60°, et les plantes à 40 ou 50°. Si on distillait des plantes avec de l'alcool à 90°, par exemple, il passerait à la distillation sans se charger de parfum.

Les esprits aromatiques conservent un goût de chaudière pendant quelque temps. Pour les en dépouiller, il suffit, en hiver, de les exposer à la gelée pendant une ou deux journées, ou, l'été, de les plonger dans un bain de glace.

Les esprits se conservent, soit dans des fûts quand la coloration qu'ils peuvent y prendre ne leur est pas nuisible, soit dans des bonbonnes en verre quand ils doivent rester incolores, tels que ceux destinés à la fabrication de l'anisette, du noyaux, de la menthe, etc., etc.

Rectification

Pour rectifier les esprits parfumés, il suffit de les étendre d'un tiers d'eau et de les distiller au bain-marie, lentement et au petit filet. Ainsi, si l'on veut rectifier 25 litres d'esprit d'anisette à 75°, on y ajoute 12 litres d'eau et on distille au bain-marie ou à la vapeur, ce qui donne le même résultat, et on retire 24 litres. Ce qui reste, n'ayant plus un bon goût, est rejeté à la distillation suivante, ou employé à la fabrication d'anisette très-commune, après l'avoir laissé dépouiller un peu de son mauvais goût; mais mieux vaut redistiller ou jeter dans une distillation d'absinthe, qui supporte une grande partie des flegmes de cette nature, tels que ceux d'anis, de menthe, de fenouil, etc., etc.

Esprit d'anisette

Alcool à 90 degrés............	48 litres.
Anis vert.....................	3 kilog.
Badiane......................	3
Fenouil......................	1
Sassafras....................	1
Écorces fraîches de citrons..	10
Coriandre....................	1

Piler ces matières, les faire infuser dans l'al-

cool pendant 12 ou 14 heures au moins, ajouter
26 litres d'eau, distiller au bain-marie pour
retirer 50 litres d'esprit parfumé, détourner le
surplus pour une autre distillation, et rectifier
en ajoutant 24 litres d'eau pour retirer 48 litres
d'esprit fin, bon goût.

Esprit de curaçao

Alcool.....................	48 litres.
Ecorces sèches de curaçao...	10 kilog.
— fraîches d'oranges....	1
— sèches d'oranges	1 kil. 500
— fraîches de citrons...	500 gram.

Opérez comme ci-dessus sans piler, mais après
les avoir découpées menu.

Esprit de curaçao de Hollande

Alcool.....................	48 litres.
Ecorces sèches de curaçao de Hollande...........	12 kilog.
— sèches de citrons....	2 kilog.

Laissez infuser huit jours et opérez comme ci-
dessus.

Esprit de carvi

Alcool.....................	48 litres.
Semences de carvi........	7 kilog.

Opérez comme pour l'anisette.

*Esprit d'aneth, d'ambrette, d'anis,
d'angélique, de badiane, de calamus, de céleri,
de coriandre, de daucus, de fenouil*

```
Alcool.....................    48 litres.
Graines, racines, etc. .....    7 kilog.
```

Opérez comme ci-dessus.

*Esprit d'œillets, d'absinthe, de fleurs d'oranger,
d'hysope, de mélisse, de menthe, de coriandre,
d'amandes amères, de noyaux de cerises ou
d'abricots*

```
Alcool à 90 degrés.........    48 litres.
Feuilles ou fruits ci-dessus..    14 kilog.
```

Opérez comme ci-dessus.

*Esprit d'oranges fraîches, de citrons frais,
de cédrats frais*

```
Alcool à 90 degrés.........    48 litres.
Ecorces de 600 fruits.
```

Découpez menu les écorces, laissez infuser
huit jours, et opérez comme ci-dessus.

Esprit de thé

```
Alcool.....................    48 litres.
Thés divers...............    3 kilog.
```

Opérez comme pour l'anisette.

Esprit de roses

Alcool. . . . .   48 litres.
Pétales de roses. . . . .   20 kilog.

Opérez comme ci-dessus.

Au lieu d'employer des esprits parfumés, on pourrait distiller les substances ensemble; mais cela entraine une distillation spéciale pour chaque liqueur, ce qui est un embarras très-coûteux. Mieux vaut donc employer les esprits parfumés pour les liqueurs communes et fines. Il n'y a guère que les liqueurs surfines et de table qui fassent exception à cette règle.

LIQUEURS ORDINAIRES

Toutes les liqueurs ordinaires se composent, pour un hectolitre, de :

No 1. Alcool à 85 degrés, y
       compris l'esprit par-
       fumé. . . . .   25 litres.
     Sucre. . . . .   12 kilog.
     Eau. . . . .   69 litres.

Produit 100 litres.
Ou bien, avec addition de sirop de fécul e :

No 2. Alcool à 85 degrés, y
       compris l'esprit par-
       fumé. . . . .   25 litres.
     Sucre. . . . .   6 kilog.

Sirop de fécule à 36
degrés............ 10 kilog.
Eau................ 64 litres.

Produit 100 litres.

Chaque litre de liqueur ainsi préparée contient 250 grammes d'alcool ou un quart de litre, et 120 grammes de sucre pour le n° 1, et pour le n° 2, 100 grammes de sirop de fécule et 60 grammes de sucre. Le n° 1 porte 4 degrés et demi au pèse-sirop, et le n° 2, 6 degrés. Cela explique l'emploi du sirop de fécule : la liqueur gagne en densité et en moelleux, mais elle perd en finesse. Les liqueurs ainsi fabriquées ne peuvent supporter longtemps les grandes chaleurs ; et si on les transporte par mer, elles se décomposent. Elles ne sont donc pas propres à l'exportation, mais simplement à la consommation de l'intérieur.

Voici les formules des principales liqueurs connues dans le commerce. Toutes les doses sont pour 100 litres de liqueur.

Anisette

Esprit d'anisette............ 5 litres.
Alcool à 85 degrés......... 20
Sucre.................. 12 kilog.
Eau.................... 69 litres.

Si l'on veut employer le sirop de fécule, on opère comme il est dit au n° 2 ci-dessus. Il en sera de même pour toutes les autres liqueurs.

Mélangez l'esprit parfumé à l'alcool et agitez ; d'autre part, faites fondre le sucre dans 10 litres d'eau, versez ce sirop dans le mélange déjà fait, ajoutez le reste de l'eau et agitez de nouveau. Laissez en repos et filtrez au besoin (voir *à l'article Clarification et Filtration*).

En général, on ne doit pas filtrer une liqueur avant huit ou dix jours de repos, et un collage à la poudre filtrante.

Il est indispensable pour l'anisette d'avoir un sirop bien blanc: pour l'obtenir ainsi, il faut mettre le sucre pendant 12 heures à l'avance dans l'eau et chauffer ensuite de manière que la solution soit complète dès le commence-ment (voir *à l'article Sirops*).

Curaçao

Esprit de curaçao..........	6 litres.
Alcool à 85 degrés.........	19
Esprit d'oranges fraîches....	1 litre.
Sucre.....................	12 kilog.
Eau.......................	67 litres.

Colorez en jaune avec le caramel ou avec la couleur de curaçao (voir *aux produits œnologiques*), et opérez comme ci-dessus.

Si vous employez le bois de Campêche pour faire rougir ou la couleur de curaçao, ne collez pas à la poudre filtrante (voir *l'article Clarification*).

Eau de noyaux

Esprit de noyaux..........	8 litres.

Le reste comme pour l'anisette.

Parfait-amour

Esprit de citrons............	**2** litres.
— de coriandre.........	3
— de girofle.............	1/2 litre.

Couleur rouge.

Moka

Esprit de Moka............	6 litres.

Pour obtenir cet esprit parfumé, on fait légèrement torréfier le café avant de le distiller.

Eau de roses

Esprit de roses............	5 litres.

A défaut d'esprit, 8 litres eau de roses; on augmente la quantité d'alcool et on diminue celle de l'eau en proportion.

Colorer en rose.

Eau de menthe

Esprit de menthe.........	5 litres.

Eau d'angélique

Esprit d'angélique.........	7 litres.

Fleur d'oranger

Eau de fleurs d'oranger.....	7 litres.

Mettre 6 litres d'alcool en plus et 6 litres d'eau en moins.

Vespétro

Esprit d'anis.	1 litre.
— de carvi.	2 litres.
— de coriandre	2
— de citrons	1 litre.

Le reste comme pour l'anisette.
Colorer en jaune ambré.
On doit augmenter ou diminuer l'alcool, selon la qantité d'esprit parfumé que l'on emploie.

LIQUEURS DEMI-FINES

Les liqueurs demi-fines prennent la dénomination d'*huile* et de *crème* à volonté. Ces liqueurs se composent comme il suit, en moyenne : (Il faut augmenter ou diminuer la dose d'alcool en raison de la quantité d'esprit parfumé que l'on emploie, cette quantité étant variable.)

Esprit parfumé.	7 litres.
Alcool à 85 degrés.	22
Sucre.	24 kilog.
Eau.	60 litres.

Produit : 100 litres.

Ou, si on emploie du sirop de fécule :

Parfum.	7 litres.
Alcool à 85 degrés.	22

21.

Sucre...................... 16 kilog.
Sirop de fécule 12
Eau....................... 50 litres.

Anisette

Esprit d'anisette........... 7 litres.
Eau de fleurs d'oranger..... 1 litre.
Alcool à 85 degrés......... 22 litres.
Eau....................... 59

Angélique

Esprit d'angélique (racines). 4 litres.
— d'angélique (semences). 4

Alcool, sucre et eau comme pour l'anisette.

Céleri

Esprit de céleri............ 8 litres.

Alcool, sucre et eau comme pour l'anisette.

Cent-sept ans

Esprit de citrons........... 3 litres.
— de roses 4

Alcool, sucre et eau comme pour l'anisette.
Colorer en rouge.

Curaçao

Esprit de curaçao.......... 6 litres.
— d'oranges fraîches..... 4
Alcool à 85 degrés. 20

Sucre...................... 25 kilog.
Eau....................... 58 litres.

Colorer en jaune.

Fleur d'oranger

Eau de fleurs d'oranger...... 10 litres.
Alcool à 85 degrés......... 29
Sucre..................... 25 kilog.
Eau..,................... 48 litres.

Menthe

Esprit de menthe.......... 10 litres.

Alcool, sucre et eau comme pour le curaçao.

Moka

Esprit de Moka............ 10 litres.

Alcool, sucre et eau comme pour le curaçao.

Noyaux

Esprit de noyaux.......... 14 litres.
Alcool.................... 16
Sucre.................... 25 kilog.
Eau...................... 58 litres.

Parfait-amour.

Esprit de citrons.......... 4 litres.
— de coriandre........ 4

Alcool, sucre et eau comme pour l'anisette.
Colorer en rouge.

Roses

Eau de roses.............. 10 litres.

Alcool, sucre et eau comme pour la fleur d'o-
ranger.
Colorer en rose.

Vespétro

Esprit de citrons..	3 litres.
— de carvi...........	2
— de coriandre........	2
— d'anis vert.........	1 litre.

Alcool, sucre et eau comme pour le curaçao.
Colorer en jaune.

China-china

Esprit de cannelle..........	2 litres.
— de curaçao..........	2
— de girofle	2
— de muscade.........	50 centil.
— de macis...........	25 centil.

Alcool, sucre et eau comme pour l'anisette.
Colorer en jaune au caramel.

LIQUEURS FINES

Ces liqueurs prennent assez généralement le

nom de crèmes. Elles se composent dans les proportions suivantes :

Esprit parfumé............ 22 litres.
Alcool à 85 degrés......... 12
Sucre..................... 44 kilog.
Eau...................... 44 litres.

Ou, si l'on emploie du sirop de fécule :

Esprit parfumé........... 22 litres.
Alcool à 85 degrés......... 12
Sucre..................... 40 kilog.
Sirop....................   8 litres.
Eau 33

Voici la formule spéciale à chaque liqueur pour 100 litres.

Anisette

Esprit parfumé........... 22 litres.
Alcool................... 12
Eau de fleurs d'oranger.....   1 litre.
Infusion d'iris............ 25 centil.
Sucre. .... 44 kilog.
Eau...................... 43 litres.

Angélique

Esprit d'angélique (racines).. 10 litres.
  — d'angélique (semences). 12

Alcool, sucre et eau comme pour l'anisette.

Céleri

Esprit parfumé. . . . .   22 litres.

Acool, sucre et eau comme ci-dessus.

Curaçao

Esprit de curaçao. . . . . . .   18 litres.
— d'oranges fraîches. . .   4

Alcool, sucre et eau comme ci-dessus.
Colorer au caramel.

Cent-sept ans

Esprit de citrons. . . . . . .   6 litres.
— de coriandre.   8
Alcool.   20
Sucre. . . . .   44 kilog.
Eau. . . . .   44 litres.

Eau-de-vie d'Andaye.

Esprit d'anis. . . . .   3 litres.
— d'amandes amères. . .   3
— d'oranges fraîches. . .   1 litre.
— d'angélique (racines). .   5 litres.
— de citrons. . . . .   1 litre.
Infusion d'iris   1

Alcool, sucre et eau comme pour le cent-sept ans.

Eau-de-vie de Dantzick

Esprit de cannelle..	4 litres.
— de coriandre..	5
— d'amandes amères. . .	1 litre.
— d'ambrette	3 litres.
— de cardamome mineur.	1 litre.

Alcool, sucre et eau comme pour le cent-sep ans.

Battre une feuille d'or par litre, avec un peu de sirop et ajouter à chaque bouteille.

Fleur d'oranger

Esprit de fleurs d'oranger . .	22 litres.

Alcool, sucre et eau comme pour l'anisette.

Framboises

Esprit de framboises.	22 litres.

Alcool, sucre et eau comme pour l'anisette. Colorer en rouge.

Huile de kirschwasser

Kirsch à 50 degrés.	18 litres.
Esprit de noyaux d'abricots..	4
Eau de fleurs d'oranger.. . .	1 litre.

Alcool, sucre et eau comme pour l'anisette.

Menthe

Esprit de menthe poivrée. . .   22 litres.

Alcool, sucre et eau comme pour l'anisette.

Moka

Esprit de Moka. . . . .   14 litres.

Alcool, sucre et eau comme pour le cent-sept
ans.

Noyaux

Esprit de noyaux d'abricots.   10 litres.
—   d'amandes amères. . .   6
—   de noyaux de cerises .   6

Alcool, sucre et eau comme pour l'anisette.

Huile d'œillets

Esprit d'œillets. . . . .   20 litres.
—   de girofle.   2

Alcool, sucre et eau comme pour l'anisette.
Colorer en rouge.

Parfait-amour

Esprit de citrons. . . . . . .   4 litres.
—   d'oranges   4
—   de coriandre.   4
—   d'anis. . . . . . . : . . .

Alcool, sucre et eau comme pour le cent-sep ans.

Huile de rhum

Rhum à 50 degrés . . . .   22 litres.

Alcool, sucre et eau comme pour l'anisette.
Colorer en jaune foncé avec le caramel.

Huile de roses

Esprit de roses. . . . .   2 litres.

Alcool, sucre et eau comme pour l'anise tte
Colorer en rose.

Crème de thé

Esprit de thé. . . . .   22 litres.

Alcool, sucre et eau comme pour l'anisette.

Vespétro

Esprit d'anis	4 litres.
— d'ambrette.	2
— d'anisette	1
— de carvi.	3
— de coriandre.	6
— de daucus.	1
— de fenouil de Florence.	1
— de citrons.	4

Alcool, sucre et eau comme pour l'anisette.
Couleur ambrée.

LIQUEURS SURFINES. — LIQUEURS DE TABLE.

Les liqueurs surfines et les liqueurs de table ne varient entre elles que sous le rapport du choix des substances employées à leur fabrication, des soins qui y sont apportés et de la quatilé de l'alcool. Les liqueurs de table, étant supérieures aux liqueurs surfines, demandent un choix minutieux de tout ce qui les compose, et des artistes pour harmoniser les parfums. Elles sont rarement achevées d'un seul coup. Les bons praticiens les mettent en fût, et les dégustent de temps en temps (à 15 jours d'intervalle), pour s'assurer de la combinaison et y faire les corrections jugées nécessaires. On n'y met pas de sucre de fécule. Les doses d'alcool, de sucre et de parfum sont les mêmes. Elles sont à peu près invariablement celles-ci :

Esprit distillé.	36 à 40 litres.
Sucre.	50 à 60 kilog.
Eau.	25 à 30 litres.

Le mode de fabrication différant de celui des liqueurs communes et fines, nous sommes obligé d'indiquer la formule pour chacune d'elles.

Anisette de Bordeaux

Badiane (semences).	2 kilog.
Anis vert.	500 gram.
Fenouil de Florence.	500
Coriandre	500
Sassafras.	500

Ambrette. . . . .   100 gram.
Ecorces sèches de citrons ou
   15 citrons frais.   500
Alcool. . . . .   40 litres.

Pilez le tout grossièrement, faites macérer pendant 48 heures dans l'alcool, ajoutez 22 litres d'eau, distillez au bain-marie. Rectifiez en ajoutant 20 litres d'eau et retirez 38 litres d'esprit parfumé ; conservez en fûts pour vous servir au besoin, mais pas avant un mois de distillation. Alors, vous pouvez fabriquer votre liqueur comme suit :

Faites fondre votre sucre (50 à 60 k.) dans l'eau bouillante (25 à 30 litres), le plus rapidement possible, afin d'avoir un sirop blanc, et, après refroidissement, mélangez le tout, pour avoir 100 litres de liqueur : collez et filtrez.

Ajoutez : eau de fleurs d'oranger, 2 litres et demi.

Comme nous renverrons à cet article, on devra se rappeler que la fleur d'oranger ne s'ajoute que dans l'anisette seulement, à moins d'indication contraire.

Ces liqueurs pèsent ordinairement de 20 à 24 degrés au pèse-sirop.

Crème d'angélique

Angélique (racines). .   1 kil. 500 gram.
    —   (semences).   1 kil. 500
Coriandre.   250
Fenouil de Forence. .   250
Alcool à 85 degrés. .   40 litres.

Opérez comme pour l'anisette.

Crème de céleri

Semence de céleri.. .	2 kil. 500 gram.
Daucus de Crète . . .	150
Ecorces fraîches de citrons.	150
Alcool à 85 degrés. .	40 litres.

Liqueur de la Grande-Chartreuse

Cette liqueur se fait blanche, jaune ou verte.
Pour la blanche prenez :

Mélisse citronnée.	300 gram.
Hysope.	200
Génépi des Alpes.	200
Angélique (semences).	150
Calamus aromaticus..	50
Cardamome mineur..	40
Cannelle	50
Macis.	50
Girofle..	40
Muscades	30
Alcool à 85 degrés..	45 litres.

Il ne faut que 36 kilog. de sucre pour cette liqueur.

Pour le surplus, opérez comme ci-dessus.

Chartreuse jaune :

Même recette que la blanche en ajoutant :

Cannelle de Chine..	40 gram.
Fleur d'arnica..	30
Coriandre.	1 kilog.

Cardamome majeur. . . . . . . 15 gram.
Balsamite. 125
Safran. 5

La quantité d'alcool est pour cette liqueur de 55 litres, et celle du sucre de 32 kilog. seulement. — On colore avec le safran.

Chartreuse verte :

Mélisse citronnée sèche . . . 550 gram.
Hysope fleurie sèche. 300
Menthe poivrée sèche. 300
Génépi des Alpes. 300
Balsamite. 250
Bourrache. 125
Thé noir. 100
Myrrhe 30
Angélique (racines). 100
— (semences). 150
Bourgeons de peuplier baumier. 30
Fleur d'arnica. 25
Cannelle de Chine. 25
Macis. 20
Thym. 25
Fleur de lavande. 30
Alcool à 85 degrés. . . . . . 65 litres.

La dose de sucre est de 26 kilog. — Colorez en vert avec la couleur verte.
Opérez comme ci-dessus.

China-China

Esprit de cannelle de Ceylan.   3 litres.

Esprit d'amandes amères. . .	1 litre.
— de semences d'angéli- que	50 centil.
— de girofle	50
— de muscades	50
— de macis.	50
Alcool à 85 degrés.	34 litres.

Opérez comme ci-dessus, moins la distillation. Colorez en jaune foncé.

Curaçao

Ecorces de curaçao vrai. . . .	6 kilog.
Zestes d'oranges fraîches de .	60 fruits.
Macis.	30 gram.
Cannelle de Ceylan.	100
Alcool	55 litres.

Opérez comme ci-dessus. — Colorez en jaune.

Elixir de Garus

Safran gâtinais.	65 gram.
Aloès succotrin.	125
Cannelle de Chine	150
Myrrhe.	100
Girofle	65
Muscades.	60
Alcool à 85 degrés.	38 litres.

Opérez comme ci-dessus. Colorez en jaune d'or et faites votre sirop avec de l'infusion de capillaire du Canada (1 kilog.).

Liqueur du Mézenc

Camomille romaine......	450 gram.
Daucus de Crète........	1 kilog.
Écorces sèches de citrons...	300 gram.
Muscades...........	125
Feuilles d'oranger.......	125
Graines de genièvre......	125
Graines de coriandre.....	125
Menthe poivrée........	125
Cardamome..........	25
Macis...........	25
Graines d'ambrette......	30
Alcool à 85 degrés.......	40 litres.

Opérez comme ci-dessus. Colorez en jaune d'or.

Crème de noyaux de Phalsbourg

Noyaux d'abricots.......	3 kilog.
Noyaux de cerises......	2
Amandes amères.......	1
Cannelle de Ceylan......	450 gram.
Girofle...........	50
Alcool...........	36 litres.

Opérez comme ci-dessus et ajoutez un litre d'eau de fleurs d'oranger.

Eau verte de Marseille

Esprit de cannelle......	7 litres.
— de coriandre.......	5
— de carvi.........	4

Esprit de menthe. . . . . 3 litres.
  —   de citrons. 7
  —   d'oranges.. 8
Alcool. 4

Opérez comme ci-dessus, moins la distillation. Colorez en vert-pré.

Vespétro de Montpellier

Esprit d'ambrette. . . . . 1 litre.
  —   d'aneth.. 3
  —   d'anis 3
  —   de carvi. 6
  —   de coriandre 6
  —   de daucus. 2
  —   de citrons. 3
  —   de fenouil. 3
Alcool à 85 degrés. 13

Opérez comme ci-dessus. Colorez en jaune.

Crème des Barbades

Zestes de 100 citrons frais.
Zestes de 25 oranges fraîches.
Cannelle de Ceylan. . . . . . . 25 gram.
Macis. 25
Alcool à 85 degrés. 40

Distillez et opérez comme ci-dessus.

Crème de genièvre de Hollande

Genièvre vieux. . . . . 65 litres.

Opérez comme ci-dessus, avec 25 kilog. de sucre seulement.

Marasquin de Zara

Eau de marasquin..	20 litres.
Eau de fleurs d'oranger.. . .	1
Eau de roses.	1
Esprit d'amandes amères. . .	1
Alcool à 85 degrés.	40

Opérez comme d'usage.

Rosolio de Turin

Amandes amères	1	kilog.
Noyaux de cerises	1	
— d'abricots	2	
Coriandre.	250	gram.
Feuilles d'oranger.	200	
Alcool à 85 degrés.	34	litres.

Opérez comme ci-dessus. Puis, ajoutez :

Esprit de roses.	6 litres.
— de cannelle.	50 centil.
— de fleurs d'oranger...	1 litre.
— de muscades.	25 centil.

Colorez en rose clair. Collez et filtrez.

LIQUEURS PAR INFUSION

Les liqueurs par infusion sont celles faites avec des substances non susceptibles de céder leur parfum par la distillation ; telle est la vanille, et celles qui se fabriquent avec

les fruits dont on veut conserver la couleur.
On les nomme encore ratafias. Elles se divisent
comme les autres, en *ordinaires, demi-fines,
fines, surfines,* et *doubles.*

LIQUEURS ORDINAIRES

Ces liqueurs sont composées de la même manière que les autres, c'est-à-dire avec les mêmes
quantités de sucre et d'alcool. Nous allons donc
nous borner, pour ne pas nous répéter, à indiquer la quantité de parfum pour 100 litres Il
est bien entendu que l'on augmente et que l'on
diminue la quantité d'alcool en raison de celle
de l'esprit parfumé.

Vanille

Infusion de vanille.......... 1 litre.
  —   de cannelle........ 20 centil.

Colorer en rouge.

Brou de noix

Infusion de brou de noix
 vertes................. 15 litres.
Esprit de muscades........ 50 centil.
Infusion de macis.......... 25
  —   de cannelle........ 25

Cassis

Infusion première.......... 20 litres.
(ou 2e 28 litres, ou 3e 36 litres)
Infusion de macis.......... 25 centil.

Framboises

Infusion de framboises . . . . .   15 litres.
—   de merises noires ou
do cassis   4

Eau de coings

Suc de coings . . . .   7 litres.
Esprit de girofle . . . .   50 centil.
—   de macis   25
—   de muscades   25

LIQUEURS DEMI-FINES

Vanille.

Infusion de vanille . . . .   3 litres.
—   de cannelle . . . .   50 centil.

Colorer en rouge.

Huile de violette

Infusion d'iris . . . .   5 litres.
Eau de roses   1

Colorer en violet.

Bitter

Ecorces de curaçao . . . .   7 litres.
Calamus aromaticus . . . .   250 gram.
Aloès succotrin   250

Bois de Fernambouc........	2 kilog.
Alcool à 85 degrés.........	56 litres.
Eau..................	44

On fait infuser toutes ces substances dans l'alcool, au bain-marie et à chaud pendant 4 heures, mais sans distiller. Après refroidissement, on filtre sans coller.

Bitter par extrait

| Extrait de bitter.......... | 4 flacons. |
| Infusion d'oranges vertes (10 zestes dans 3 litres d'alcool, infusé pendant 6 à 8 jours). | 3 litres. |

Alcool et eau comme ci-dessus.

Brou de noix

Infusion de brou de noix vertes..................	25 litres.
Esprit de muscades.........	35 centil.
— de cannelle.........	20

Ratafia de cassis

Infusion de cassis première..	28 litres.
Infusion de framboises......	6
Eau de roses..............	1

Ratafia de cerises

Infusion de cerises.........	28 litres.
Infusion de merises.........	7
Esprit de noyaux..........	4

Ratafia de framboises

Infusion de framboises......	18	litres.
— de cassis..........	2	
— de merises.........	3	

Ratafia des quatre fruits

Infusion de cassis première..	8	litres.
— de cerises.........	8	
— de framboises......	8	
— de merises.........	8	
— d'iris............	1	

Ratafia de coings

Suc de coings	10	litres.
Esprit de girofle	50	centil.
— de cannelle..........	30	
— de macis...........	25	

LIQUEURS FINES

Vanille

Infusion de vanille........	7	litres.

Colorer en rouge.

Huile de violettes

Infusion d'iris.............	10	litres.
Eau de roses.............	1	

Esprit de girofle........... 50 centil.
Eau de fleurs d'oranger...... 50

Colorer en violet.

Brou de noix vertes

Infusion de brou de noix.... 30 litres.
—   de cannelle........ 50 centil.
—   de muscades....... 35

Ratafia de cassis

Infusion première........... 34 litres.
—   de framboises..... 7
Eau de roses 1
Infusion de macis.......... 25 centil.

Ratafia de cerises

Infusion de cerises......... 34 litres.
—   de merises........ 10
Esprit de noyaux........... 5

Ratafia de framboises

Infusion de framboises...... 24 litres.
—   de merises........ 10
—   d'iris............ 50 centil.

Ratafia des quatre fruits

Infusion première de cassis.. 12 litres.
—   de cerises........ 10

```
Infusion de framboises......    12 litres.
   —      de merises.........    10
   —      d'iris............     1
```

Ratafia de coings

```
Suc de coings.............    14 litres.
Esprit de girofle..........    50 centil.
   —      de macis.........    40
   —      de muscades.......    35
   —      de cannelle.......    40
```

LIQUEURS SURFINES

La fabrication de ces liqueurs est absolument la même que celle des liqueurs fines, si ce n'est qu'on augmente les infusions d'un cinquième et qu'on ne prend que celles de choix.

Les doses de sucre et d'alcool sont les mêmes que celles des liqueurs surfines, mais l'alcool est presque toujours remplacé par les infusions.

LIQUEURS DOUBLES

Les liqueurs doubles contiennent environ le double de parfum et d'alcool des liqueurs ordinaires ; elles se composent comme suit :

```
Parfum, les deux tiers de
   celui indiqué pour les li-
   queurs ordinaires.........    »
Alcool à 85 degrés .........    50 litres.
Sucre.....................    25 kilog.
Eau.......................    12 litres.
```

Il est inutile que nous donnions les recettes, ce ne serait faire que nous répéter : il suffit de doubler les doses indiquées aux liqueurs ordinaires, ou à peu près; l'eau exceptée.

LIQUEURS NOUVELLES

Il y a un nombre considérable de liqueurs nouvelles; mais il n'y en a que bien peu qui jouissent de la vogue du consommateur. Les plus estimées sont la liqueur hygiénique de Raspail, le Béranger, l'Oued-Allah, la liqueur de Richelieu. Voici les meilleures formules connues :

Liqueur hygiénique de Raspail

Alcool.	40	litres.
Sommités sèches d'angélique.	800	gram.
Racines d'angélique	800	
Calamus aromaticus.	200	
Myrrhe.	100	
Cannelle.	110	
Aloès.	50	
Girofle	50	
Vanille	50	
Muscades	25	
Safran.	3	
Sucre.	30	kilog.

Faire infuser le tout à une chaleur douce si c'est possible, pendant quinze jours au moins, en ayant soin d'agiter de temps en temps, décanter, passer au tamis et opérer comme d'usage sans distiller. Coller et filtrer.

Pour avoir cette liqueur incolore, il faut la distiller; alors on est forcé de supprimer la vanille.

Liqueur de Béranger

Amandes d'abricots........	2	kilog.
— amères..........	1	
Bois de sassafras..........	250	gram.
Ambrette.................	250	
Menthe poivrée...........	250	
Alcool...................	30	litres.
Sucre...................	40	kilog.

Opérez comme d'usage, collez et filtrez.

Oued-Allah

Balsamite................	250	gram.
Menthe poivrée..........	250	
Anis vert...............	250	
Ambrette...............	250	
Sassafras...............	250	
Fleur d'arnica...........	50	
Cardamome mineur........	50	
Calamus aromaticus........	50	
Racines d'angélique........	50	
Amandes amères..........	500	
Mélisse.................	250	
Alcool...................	36	litres.
Sucre...................	35	kilog.

Opérez comme d'usage.

23.

Liqueur de Richelieu

Amandes amères.	500 gram.
Balsamite	500
Hysope fleurie.	250
Marjolaine.	250
Mélisse.	125
Anis étoilé	300
Graines d'angélique.	250
Coriandre.	500
Zestes de 20 citrons frais.	
Cannelle.	50
Macis.	40
Fenouil de Florence.	500
Alcool.	40 litres.
Sucre	35 kilog.

Opérez comme d'usage. — Laissez la liqueur incolore.

LIQUEURS FABRIQUÉES SANS FEU
NI DISTILLATION

La difficulté que l'on éprouve pour se procurer de bonnes substances propres à faire des esprits parfumés, la lenteur du procédé de distillation, et plus encore la perte qui résulte d'une double distillation, ont fait rechercher le moyen de s'en dispenser.

En effet, et plus que jamais, la distillation devient onéreuse : chaque distillation produit 5 à 6 p. 100 de perte avec les alcools de vin, et les 3/6 d'industrie perdent près de 8 p. 100. De telle sorte qu'en distillant 100 litres d'alcool du Nord une première fois, à 95°, on ne retirera que 92 litres ; et si l'on rectifie ces 92 litres, on n'en obtiendra plus que 85, ce qui constitue une perte sèche de 15 p. 100.

Nous livrons ces observations à ceux qu'elles intéressent, en les invitant à faire des expériences comparatives qui seront d'autant plus importantes qu'elles peuvent conduire à trouver le moyen de remédier à une perte qui est peut-être une cause de ruine parmi les distillateurs qui comptent travailler avec un bénéfice brut de 25 p. 100, tandis qu'en réalité, il se trouve réduit par le fait indiqué.

Il y a deux modes de fabrication des liqueurs sans feu et sans distillation : l'un est celui qui consiste dans l'emploi des huiles essentielles de plantes, racines, semences, etc. ; l'autre dans l'emploi de parfums chimiques composés ou extraits. Loin de nous la pensée de conseiller ces modes de fabrication comme exclusifs ; au contraire, nous déclarons bien haut que, pour les liqueurs de table, il est impossible de se dispenser de distiller. Mais comme les liqueurs que l'on consomme dans les cafés, chez le marchand de vin, ne sont que des liqueurs ordinaires ou fines, on peut parfaitement opérer sans distillation, pourvu que l'on emploie un bon procédé.

Nous avons essayé les huiles essentielles qui sont recommandées par certains théoriciens, et nous n'avons obtenu qu'un très-mauvais résultat. Il nous a donc fallu rechercher dans des combinaisons nouvelles, dans des composés, le moyen de paralyser les inconvénients que nous offrait ce procédé, et nous avons reconnu que les extraits possédaient une supériorité incontestable sur les huiles essentielles qu'on rencontre dans le commerce, même quand elles sont de bonne qualité, à plus forte raison quand elles sont altérées, falsifiées ou rances.

LIQUEURS FAITES PAR ESSENCES

Les liqueurs fabriquées avec les huiles essentielles ou essences de plantes, sont très-inférieures à celles faites par la distillation. On ne saurait guère obtenir que des produits très-ordinaires par ce procédé, comme qualité et d'une garde difficile; car, quelle que soit la manière de les fabriquer, elles rancissent promptement. Ces liqueurs laissent une impression d'âcreté persistante dans la bouche, qui les fait distinguer au consommateur le moins habile.

Les doses de sucre et d'alcool sont les mêmes que pour les liqueurs fabriquées par distillation; quant au parfum, c'est purement et simplement de l'huile essentielle. Ainsi pour faire 100 litres d'anisette commune, on prend 50 grammes d'essence d'anis. — Pour faire 100 litres de noyaux, on prend 50 grammes d'essence de noyaux, et ainsi de suite. — Nous nous dispenserons donc de donner ces formules que tout le monde connaît. D'ailleurs, chacun les varie à son gré.

La fabrication des liqueurs avec des huiles essentielles est vieille comme le monde et elle est décrite, plus ou moins longuement, dans une foule de petites brochures à l'usage du colportage; on la trouve dans les prospectus des parfumeurs, et même dans les almanachs; il serait doublement inutile de la reproduire ici.

Nous allons passer aux liqueurs par extraits, qui sont les meilleures après celles faites par distillation.

LIQUEURS PAR EXTRAITS

(Voir *aux produits œnologiques*)

Ces liqueurs, quand elles sont préparées avec soin, offrent un grand avantage, sont d'une garde facile et d'une bonne qualité. On peut faire avec les extraits des liqueurs ordinaires, des liqueurs demi-fines, des liqueurs fines et surfines.

Les doses d'alcool, de sucre et d'eau sont les mêmes que pour les liqueurs faites par distillation. L'esprit distillé est remplacé par pareille quantité d'alcool. Pour la coloration, voir aux *Liqueurs distillées.*

LIQUEURS ORDINAIRES.

Ces liqueurs se préparent comme il suit :
Doses pour 100 litres.

Anisette

Parfum ou extrait concentré d'anisette..............	3 flacons.
Alcool.....................	25 litres.
Sucre	13 kilog.
Eau.......................	70 litres.

Opérez comme d'usage. — Collez et filtrez.

Pour toutes les autres liqueurs c'est la même marche. Il suffit de substituer un extrait concentré quelconque à celui d'anisette, soit : chartreuse, cassis, curaçao, angélique, noyaux, bitter, raspail, soit tout autre.

LIQUEURS DEMI-FINES.

La formule générale de ces liqueurs est la même que celle déjà indiquée pour les liqueurs par distillation. Voici les recettes spéciales de celles qui peuvent varier. Nous n'indiquons pas les doses de sucre, d'alcool et d'eau, elles sont connues.

Dose pour 100 litres.

Anisette

Extrait concentré d'anisette..	3 flac. 1/2
Eau de fleurs d'oranger.....	1 litre.

Le sucre, l'alcool, l'eau comme d'usage.

Cassis

Extrait de cassis..........,	3 flac. 1/2
Eau de roses	1 litre.

On emploie du vin du Midi en place d'eau pour colorer la liqueur ; mais on se sert plus économiquement de la *teinte bordelaise* ou de *la couleur cassis*.

Curaçao

Extrait concentré.........	3 flac. 1/2
Rhum....................	2 litres.

Menthe

Extrait de menthe.......... 3 flac. 1/2

Noyaux

Extrait de noyaux.......... 3 flac. 1/2
Eau de fleurs d'oranger..... 1 litre.

Parfait-amour

Extrait concentré.......... 3 flac. 1/2

Raspail

Extrait de Raspail.......... 3 flac. 1/2

Roses

Extrait de roses.......... 3 flac. 1/2

Vespétro

Extrait de vespétro.......... 3 flac. 1/2

Pour la couleur, *voir* aux *Liqueurs par distillation.*

LIQUEURS FINES.

Mêmes doses d'alcool, de sucre et d'eau, que
pour les liqueurs par distillation. On remplace ici

comme dans les précédentes formules, l'esprit distilé par une pareille quantité d'alcool.

Dose pour 100 litres.

Anisette

Extrait d'anisette..........	4 flacons.
Eau de fleurs d'oranger.....	1 litre.
Infusion d'iris.............	25 centil.

Cassis

Extrait de cassis...	4 flacons.
Eau de roses...............	1 litre.
Infusion d'iris.............	50 centil.

On emploie du vin au lieu d'eau pour faire fondre le sucre et colorer. Le vin noir de la Loire est le meilleur. On emploie également la *teinte bordelaise* et la *couleur cassis*.

Curàçao

Extrait de curaçao........	4 flacons.
Infusion d'oranges fraîches..	2 litres.

(L'infusion se fait avec les zestes de 4 oranges par litre d'alcool à 85°.) On laisse infuser 10 à 12 jours.

Eau-de-vie d'Andaye

Extrait d'eau-de-vie d'Andaye.	4 flacons.
Infusion d'iris.............	50 centil.

Eau-de-vie de Dantzick

Extrait d'eau-de-vie de Dan- tzick..................	4 flacons.
Eau de fleurs d'oranger.....	50 centil.

(Ajoutez de l'or battu avec du sirop, une feuille par litre.)

Crème de Menthe

Extrait de menthe..........	4 flacons.

Crème de noyaux

Extrait de noyaux.	4 flacons.
Eau de fleurs d'oranger.....	1/2 litre.

Huile d'œillets

Extrait d'œillets...........	4 flacons.
Infusion de girofle.........	1 litre.

Parfait-amour

Extrait de parfait-amour....	4 flacons.
Infusion de citrons (zestes de 10 citrons dans 3 litres d'alcool)..............	2 litres.

Huile de roses

Extrait de roses............   4 flacons.
Eau de roses ....   1 litre.

Raspail

Extrait de Raspail.........   4 flacons.

Vanille

Extrait de vanille.........   4 flacons.

Vespétro

Extrait de vespétro ....   4 flacons.

Toutes les autres liqueurs se font de la même manière — On peut à la rigueur se passer des parfums qui sont ajoutés aux extraits, mais les liqueurs sont moins complètes.

LIQUEURS SURFINES.

Pour ces liqueurs on emploie 4 flacons 1/2 au lieu de 4. — Alcool, sucre et eau comme aux autres recettes de liqueurs surfines.

BOUCHAGE

On se sert encore généralement de cire-goudron pour enduire le bouchon et la partie supérieure des bouteilles, dans l'intention de soustraire le bouchon et le liquide au contact de l'air. C'est une pratique excellente pour le vin, mais très-vicieuse pour les spiritueux, en ce que le goudron tombe dans les liqueurs lorsqu'on les débouche : ensuite, si les bouteilles sont exposées longtemps à la chaleur, le goudron se liquéfie, s'attache aux mains et les salit. Le goudron étant soluble dans l'alcool, s'il y a une fuite du liquide à travers le bouchon, la cire se dissout et le liquide s'écoule et se vaporise. Nous conseillons de remplacer ce bouchage dégoûtant par les capsules, qui n'ont aucun des inconvénients que nous venons de signaler.

L'emploi du goudron doit être surtout proscrit du bouchage des liqueurs qui sont susceptibles d'être exportées dans les pays chauds, car il se fond très-facilement et gâte tout ce qui l'environne.

Appareil à capsuler

L'usage des capsules nécessite l'emploi d'un appareil pour les fixer. On en a imaginé de diverses sortes, mais aucun ne vaut le prix qu'il coûte : on peut même dire que plus ils coûtent et moins ils valent. L'appareil le plus simple que nous sachions et qui est généralement employé, c'est une pédale et une corde qui se dispose d'une certaine manière sur la capsule. Cela prouve une fois de plus que ce qui est le plus simple est le meilleur. Avec cet appareil, un ouvrier peut capsuler jusqu'à 100 bouteilles à l'heure.

Capsules

Tout le monde sait qu'une capsule est une

sorte de coiffe en étain poli et travaillé qui se place sur la bouteille, recouvre le bouchon et embrasse le goulot jusqu'au bas de l'anneau où elle se ferme à l'aide de l'appareil à capsuler.

Pour qu'une capsule soit bonne, il faut qu'elle soit en étain pur, bien polie, pas trop épaisse et appropriée à la forme des goulots.

Ces capsules sont généralement employées aujourd'hui. Elle sont beaucoup plus propres que la cire et ne coûtent guère plus.

VINS DE LIQUEUR

Fabrication. — Conservation. — Clarification. — Vins de liqueur d'imitation. — Conservation. — Clarification.

Les vins de liqueur sont des vins fabriqués; il ne sont pas l'ouvrage de la nature, mais l'œuvre de l'art. Pendant longtemps on a cru (et peut être y a-t-il encore à cette heure des gens qui croient) que le vin de Madère est un vin naturel : il n'en est rien.

Cette est la ville de France où l'on fabrique le plus de vins de liqueur et de vermout. Marseille vient ensuite. Les produits de Cette sont très-connus ; on y fait du muscat, du madère, du vermout, enfin, tous les vins de liqueur. Ces produits ne sont pas mauvais, comme vin; mais ils ont fort peu d'analogie avec les types qu'on prétend imiter. Ils ont même le défaut de se ressembler tous, et il est très-facile de prendre l'un pour l'autre, tant ils diffèrent peu de goût, de parfum et de sève. On a besoin de voir l'étiquette pour ne pas se tromper, à moins d'être dégustateur. Ainsi, le vermout sent l'alicante, seulement il est un peu plus amer ; l'alicante sent le xérès, le xérès sent le madère, et ainsi de suite. Pour peu qu'on déguste trois ou quatre vins successivement, le même arôme pâteux et lourd s'empare des organes de la dégustation et il n'y a plus possibilité de distinguer l'un de l'autre. Cela tient à la nature des vins employés et au mode de fabrication qui est insuffisant et incomplet.

Les vins de liqueur proviennent soit de raisin mûris naturellement ou artificiellement, soit de moûts ou de vins préparés à cet effet. On donne le nom de vin de liqueur aux vins qui contiennent une portion de sucre non décomposé et une forte portion d'alcool ; soit que ces résultats soient obtenus par la maturité et la fermentation naturelles, soit qu'elle soit le résultat d'un travail ou d'une combinaison.

Il n'y a en France que Rivesaltes, Frontignan, Lunel et Maraussan, qui produisent des raisins mûris naturellement, ceux de Grenache et de Mauabec (Pyrénées-Orientales), et quelques autres de mince importance et de médiocre qualité.

Fabrication

Il y a un grand nombre de formules ou recettes de vins de liqueur ; elles varient selon les localités et la saison. Nous allons passer en revue les principales et les plus faciles.

1re *formule*. — Laissez bien mûrir le raisin, cueillez-le, faites-le sécher pendant quelques jours au soleil, foulez et pressez pour obtenir le jus. Sur une quantité déterminée de vin blanc, ajoutez de ce jus qui n'est qu'un sirop de raisin, et laissez mûrir en futailles. Le maximum du jus ajouté ne doit pas dépasser 30 p. 100.

2e *formule*. — Cueillez le raisin, foulez, presse-le, désacidifiez le jus en y mettant de la craie lavée, faites évaporer une partie du jus à consistance de sirop (30 à 32°) et mêlez à du moût jusqu'à ce qu'il pèse 18 à 20° B. Laissez vieillir dans un fût légèrement méché. La proportion du sirop ajouté varie généralement de 20 à 30 p. 100.

3e *formule*. — Prenez du vin blanc doux, ajoutez-y un quart d'eau-de-vie vieille et 10 p. 100 de sucre ; mettez dans un fût et conservez.

Comme on le voit, on peut varier les fabrications à l'infini, en ajoutant un peu plus ou un peu moins de jus, de sucre ou d'alcool, en concentrant plus ou moins le moût, etc.

Pour éviter la coloration, il vaudrait mieux faire évaporer le moût tout entier jusqu'à consistance de 16 ou 17° B. bouillant, soit à 18 ou 20° froid.

Pour évaporer facilement le moût, on se sert de chaudières plates en cuivre étamé, de 25 à 30 centimètres de profondeur, et engagées dans un massif de maçonnerie, dont le fond est disposé en pente de 1 ou 2 centimètres, pour permettre l'écoulement du liquide que l'on fait sortir par un gros robinet placé à l'une des deux extrémités.

On ne met que 12 à 14 centimètres de moût; on écume et on met 3 ou 4 blancs d'œufs par hectolitre, pour opérer la clarification ; mais en ayant le soin de les délayer et de les fouetter dans un peu de moût froid ou d'eau froide.

Plus l'évaporation est lente, plus le moût est coloré.

Il est indispensable, dans les années froides, où le vin est acide, de jeter dans la chaudière un peu de charrée (cendre de bois lessivée), pour soustraire l'excès d'acide, sans quoi le vin serait de mauvaise qualité et agacerait les dents.

Conservation

Il est facile de conserver les vins de liqueur; seulement il arrive parfois qu'un mouvement de fermentation se prononce dans ceux trop faibles en alcool et fabriqués avec des vins contenant du ferment en excès; il faut, alors, y ajouter de l'alcool pour les muter, et les soutirer dans des fûts méchés légèrement.

Clarification

On soutire les vins de liqueur quand la lie s'est précipitée, et on les colle soit à la poudre anglaise, soit à la poudre des vins de liqueur. Cette dernière est plus active et leur convient mieux en ce qu'elle développe le bouquet.

VINS D'IMITATION

Tous les vins qui ne sont pas fabriqués avec le moût de raisin prennent le nom de vins d'imitation (on les appelle très-improprement vins factices).

Les vins d'imitation sont généralement inférieurs aux vins naturels; ce n'est qu'en vieillissant qu'ils s'en rapprochent; mais, comme ils sont faciles à faire et qu'on les obtient aux prix le plus bas, il s'en consomme une grande quantité que l'on confond avec les vins naturels quand ils sont fabriqués avec soin. Que le mot *fabriqué* n'effraie personne; le fameux vin de Tokai, dont on parle souvent. n'est qu'un vin fabriqué : c'est un vin de paille qui est bien loin de mériter sa réputation. On fera en France des vins qui le vaudront quand on le voudra et qui pourraient être meilleurs; mais, comme dit Lenoir : « Tout » propriétaire de vignes pouvant en faire, le vin » *de paille Mézès-malé*, dont ils n'ont jamais » goûté...... Le vin que boit un empereur est » toujours ce qu'il y a de mieux, ainsi que son » médecin. »

Voici les formules les plus usitées pour la fabrication des vins de liqueur d'imitation ou artificiels. Les doses sont pour 25 litres.

Alicante

Vin de Bagnols vieux........	20 litres.
Sirop blond de raisin........	2
Essence d'Alicante.........	1 flacon.
Alcool à 85°...............	3 litres.

Versez l'essence dans l'alcool, mélangez le tout, laissez reposer pendant deux mois, collez à la poudre des vins de liqueur et soutirez après clarification. Laissez encore deux mois en fûts, collez de nouveau et mettez en bouteilles. Après six mois de bouteilles vous aurez un vin parfait.

Vin de Grenache

Vin de Collioure............	18 litres.

Sirop blond de raisin........   4 litres.
Alcool à 85°...............   2
Essence de Grenache.......   1 flacon.

Opérez comme pour l'Alicante.

Vin de Malaga

Vin de Bagnols...........   20 litres.
Sirop blond de raisin.......   3
Alcool..................   2
Essence de Malaga.........   1 flacon.

Opérez comme ci-dessus.

Muscat de Lunel

Vin de Picardan doux......   21 litres.
Sirop blond de raisin.......   2
Alcool..................   2
Essence de muscat de Lunel.   1 flacon.

Opérez comme ci-dessus.

Muscat de Frontignan

Vin de Picardan sec........   20 litres
Sirop blond de raisin.......   2
Alcool..................   3
Essence de Frontignan......   1 flacon.

Opérez comme ci-dessus.

Vin dé Madère

Vin de Picardan sec.........	22 litres.
Sirop blond de raisin........	1
Alcool à 85°...............	2
Essence de Madère..........	1 flacon.

Opérez comme ci-dessus.

Vin de Xérès

Vin de Picardan sec.........	21 litres.
Sirop blond de raisin........	1
Alcool à 85°............	3
Essence de Xérès...........	1 flacon.

Opérez comme ci-dessus.

Vin de Lacryma-Christi

Vin de bagnols vieux........	21 litres.
Sirop blond de raisin........	2
Alcool....................	2
Essence de Lacryma-Christi.	1 flacon.

Opérez comme ci-dessus.

Vin de Scherry

Vin de Picardan sec.........	20 litres.
Sirop de raisin.............	2
Alcool....................	3
Essence de Scherry........	1 flacon.

Opérez comme ci-dessus.

Vin de Tokai

Vin de Bagnols très-vieux...	20 litres.
Sirop blond de raisin........	3
Alcool.................	2
Essence de Tokai	1 flacon.

Opérez comme ci-dessus.

Vermout

Vin blanc de Picpoul........	20 litres.
Sirop blond de raisin.......	2
Alcool.......	3
Essence de vermout........	1 flacon.

Opérez comme ci-dessus.

On améliore beaucoup ces vins en les additionnant de 10 à 15 p. 100 de vin naturel d'Espagne de bonne qualité.

Tous les vins fabriqués d'après les formules qui précèdent ne produisent que des vins propres au commerce intérieur de la France et à l'exportation d'Europe. S'il s'agissait d'exportation aux colonies, ils seraient susceptibles de fermentation et par conséquent d'avaries. L'expérience a démontré que ces vins devaient contenir au moins 20 p. 100 d'alcool; il est donc nécessaire de modifier la fabrication comme il suit et quel que soit le vin à fabriquer :

Vin.......................	19 litres.
Sucre	2 kilog.
Alcool à 85º..	5 litres.
Parfum ou essence.	1 flacon.

Pour le surplus, opérer comme il est dit ci-dessus.

La fabrication des vins de liqueur est un commerce important; l'exportation ayant pris un grand développement depuis quelques années, le midi de la France s'y adonne d'une manière toute particulière; mais il faut avouer que le bon marché en a singulièrement amoindri la qualité, et que certains fabricants de cette partie de la France rivalisent avec Paris pour faire des boissons insipides, quelquefois sans vices ni vertus, la plupart du temps d'une sève et d'un bouquet détestables.

A Marseille, la caisse de 12 bouteilles se vend pour l'exportation la somme de 10 fr. : elle contient environ sept litres. La caisse vide, les bouteilles, les étiquettes, les bouchons, le papier, la paille, l'emballage. etc., etc., reviennent à 3 fr. 70 ; il ne reste donc que 6 fr. 30 pour le vin. Ceci est la bonne qualité. — Quant à la qualité courante, on en rencontre à tous prix; un maison vend 6 fr. 50 la caisse de 12 bouteilles ; en déduisant 3 fr. 70 pour les faux-frais, il ne reste plus que 2 fr. 80 pour le vin, soit 24 centimes la bouteille : c'est le prix moyen du vin de Suresnes.

Cette drogue est ainsi composée :

Vin blanc.	30 litres.
Alcool.	19
Eau.	50
Sucre.	3 kilog.
Parfum.	*ad libitum.*

Soit, en tout, 100 litres.

Voici donc du vin de liqueur, qui ne revient,

qu'à 35 ou 36 fr. l'hectolitre et contenant 20 p. 100 d'alcool; alors que les vins blancs ordinaires, en nature, coûtent 6 à 7 fr. de plus.

Arômes des vins de liqueur

On emploie dans la fabrication des vins de liqueur, d'après certaines méthodes, des feuilles de thé, des fleurs de tilleul, des amandes amères, dont on fait des sa·hets qu'on introduit dans le fût par la bonde ; on emploie également les écorces de cédrats, de citrons, d'oranges, etc.; avec de grandes précautions on obtient quelquefois un résultat ; mais nous ne conseillons pas l'emploi de ces substances qui demandent une attention soutenue et qui donnent trop ou trop peu de parfum, selon le temps plus ou moins long qu'elles sont infusées. — Ensuite, elles exigent une durée trop longue ; puis la combinaison se faisant plus ou moins, il en résulte que l'on ne sait exactement pas ce que l'on fait. Nous leur préférons les extraits, qui avancent le vin de deux mois et donnent des résultats toujours identiques, des vins plus faciles à clarifier, mieux fondus et d'une saveur plus agréable et surtout plus naturelle.

Conservation

Les vins de liqueur ont besoin de vieillir; on doit donc les conserver en fûts pendant six mois; passé ce temps, il faut les mettre en bouteilles, ils y gagneront en finesse et en bouquet. On doit avoir soin de tenir toujours les fûts pleins, pour les vins d'imitation du moins : cette simple précaution en augmente et affine le bouquet.

Clarification

Les vins d'imitation se clarifient comme les vins naturels avec la poudre des vins de liqueurs ou la poudre anglaise.

SIROPS

Fabrication des divers sirops. — Sirops artificiels.

Fabrication des sirops

Il y a une formule unique pour tous les sirops, en ce qui concerne la dose de sucre et d'eau qui est la même pour tous, le parfum seul varie. Voici cette formule générale :

Sirop de sucre

Sucre blanc raffiné..	50 kilog.
Eau.	24 litres.
Blancs d'œufs...	3

Concassez votre sucre et mettez-le dans une bassine en cuivre rouge étamé, versez-y 18 litres d'eau et 6 litres d'eau albumineuse dont nous donnons ci-dessous la formule ; puis, poussez vivement le feu pour faire évaporer l'eau le plus rapidement possible, afin d'éviter la coloration du sirop, mais tout en ne le faisant pas épancher par-dessus les bords de la bassine. Arrêtez le feu aussitôt que le sirop marque 32° bouillant et passez au travers d'un blanchet ou d'une chausse; puis laissez refroidir. Le sirop pèsera 36° froid.

Ce sirop sert indistinctement à faire des liqueurs ou à fabriquer les sirops parfumés.

Quand on veut avoir des sirops parfaitement incolores pour les liqueurs, il faut opérer comme suit :

Sucre blanc.	50 kilog.
Eau.	25 litres.

Concasser le sucre, le mettre dans la bassine, le laisser tomber en déliquescence et donner un bouillon rapide pour obtenir la solution complète, puis opérer comme il a été dit plus haut, sans s'arrêter au degré du sirop qui ne pèse, alors, que 28 à 30°.

Pour obtenir l'eau albumineuse dont nous venons d'indiquer l'emploi pour le sirop de sucre, il faut prendre :

Eau albumineuse

Œufs avec les coquilles.	3 blancs.
Eau.	6 litres.

Versez l'eau peu à peu et fouettez avec un balai d'osier, jusqu'à dissolution complète.

Sirop de fleurs d'oranger

Prenez :

Sirop de sucre (ci-dessus). . . .	1 dose.
Eau de fleurs d'oranger triple. .	5 litres.

Mettez l'eau de fleurs d'oranger dans le sirop au moment où il vient d'être passé à la chausse, mélangez vivement et couvrez.

Sirop de roses

Sirop de sucre..............	1 dose.
Eau de roses triple.........	5 litres.
Couleur rose..............	1/2 litre.

Opérez comme pour le sirop de fleurs d'oranger.

Sirop de capillaire

Capillaire du Canada........	2 kilog.
(ou capillaire de Montpellier, 3 kilog.)	
Eau.....................	30 litres.

Versez 6 litres d'eau bouillante sur le capillaire et laissez infuser 2 à 3 heures. Tranvasez cette eau dans la bassine et remettez 6 litres d'eau bouillante sur votre capillaire ; laissez infuser 6 heures. Réunissez les deux infusions, filtrez à travers une chausse garnie de papier et faites votre sirop avec cette eau, en agissant comme il est dit pour le sirop de sucre et comme si vous opériez avec de l'eau pure.

Sirop de thé

Thé impérial...............	800 gram.
— vert..................	400

Opérez comme pour le sirop de capillaire.

Sirop de gomme arabique

Gomme arabique blanche. . .	6 kilog.
Eau.	4 litres.

Faites dissoudre la gomme dans l'eau, passez
dans un linge pour enlever les impuretés, et
jetez cette eau dans le sirop de sucre bouillant.
Laissez bouillir 5 minutes, et filtrez.

Sirop de guimauve

Racines de guimauve sèche, blanche et bien épurée. . . .	5 kilog.
Eau.	28 litres.
Eau de fleurs d'oranger	1/2 litre.

Faites bouillir dans l'eau pendant 30 minutes
et servez-vous de cette eau pour faire le sirop de
sucre. Cuisez jusqu'à 32° bouillant, passez au
blanchet, laissez refroidir et ajoutez l'eau de
fleurs d'oranger.

Sirop d'orgeat

Amandes douces.	3 kilog.
— amères.	3
Gomme adragante.	40 gram.
Eau de fleurs d'oranger.	50 centil.
Eau.	28 litres.

Jetez les amandes dans l'eau bouillante et
quand leur peau sera ramollie et distendue,
placez-les sur un tamis et passez-les dans l'eau
fraîche; mondez-les de leur peau, broyez-les en-

suite dans un mortier ou sébille en bois en ajoutant de l'eau. Quand la pâte est très-fine, versez-y de l'eau jusqu'à concurrence de 14 ou 15 litres; pressez dans un linge ou sous une presse pour obtenir *le lait d'amandes*; broyez à nouveau avec moitié moins d'eau; recommencez le pressurage encore deux ou trois fois. Cela fait, jetez cette eau sur un tamis et servez-vous en pour faire fondre votre sucre; chauffez légèment la bassine et enlevez du feu aussitôt le sucre fondu. — Ajoutez alors l'eau de fleurs d'oranger et la gomme adragante qu'on a dû faire dissoudre à l'avance dans un quantité d'eau suffisante. Mélangez le tout et passez dans un tamis de soie.

Le sirop d'orgeat se conserve difficilement, il faut le mettre au frais pour empêcher la fermentation en été.

Sirop de groseilles

Jus ou conserve de groseilles. 26 litres.
—   de framboises.   2

Servez-vous du jus de groseilles pour faire fondre le sucre, cuisez 20 minutes et éteignez le feu.

Sirop de cerises

Jus ou conserve de cerises . . 24 litres.
—   de cassis. . .   1

Opérez comme pour le sirop de groseilles.

Sirop de framboises

Jus ou conserve de framboises.   24 litres.
  —   de cassis. . .   1

Opérez comme pour le sirop de groseilles.

Sirop de vinaigre framboisé

Vinaigre framboisé. . . . . .   11 litres.
Jus ou conserve de merises. .   5
   —   de cassis. . .   1
Eau.   8

Opérez comme pour le sirop de groseilles.

SIROPS GLUCOSÉS

Le besoin de produire des sirops à bas prix a fait imaginer de remplacer une partie du sirop de sucre par du sirop de fécule, dans leur fabrication. On a trouvé le moyen d'en mettre jusqu'à près de moitié; mais, comme ce sirop masque moins de parfum que le sucre, il faut en réduire la quantité. Ainsi, si on met un tiers de sirop de fécule, il faudra diminuer le parfum d'un quart environ et ainsi de suite.

Les sirops *glucosés*, le sirop de gomme surtout, doivent porter cette mention sur l'étiquette; faute de quoi le débitant serait passible d'une amende; car la loi assimile la fabrication et la vente du débitant à celle du pharmacien. Il est probable que dans un temps très-proche cette manière d'apprécier cessera ; car elle est injuste au fond. En effet, le débitant ne vend pas des remèdes à des malades, mais des boissons de fantaisie à des gens qui se soucient fort peu des propriétés qui leur sont attribuées par la médecine. — Il serait aussi étrange d'aller chercher un remède chez le marchand de vin ou le limonadier que d'aller prendre un verre d'eau-de-vie ou une tasse de café chez le pharmacien.

SIROPS ARTIFICIELS

Lorsqu'on manque de conserves ou des divers produits avec lesquels on fabrique les sirops fins, et que l'on cherche l'économie avant tout, on a recours aux parfums ou extraits pour fabriquer des sirops dits artificiels. La formule devient alors très-simple.

Doses pour 25 litres.

Sirop de groseilles

Sucre.	20 kilog.
Eau.	8 litres.
Vin très-coloré.	10
Vinaigre fort	1
Essence de sirop de groseilles.	1 flacon.

On fait fondre le sucre dans l'eau, et après refroidissement on ajoute le vin, le vinaigre et l'essence de groseilles; puis, on agite et on met en bouteilles.

On peut encore faire ce sirop comme il suit :

Sucre.	20 kilog.
Eau.	17 litres.
Couleur rouge ou teinte bordelaise.	1

Vinaigre.. . . . .   1 litre.
Essence.. . . . .   1 flacon.

Sirop de frambroises

Essence de framboises. . . .   1 flacon.
Eau de roses.. . . . .   1 litre.

Sucre, eau, vin, comme pour le sirop de groseilles.

Sirop de mûres

Essence de mûres.. . . . . . .   1 flacon.
Eau de roses . . . .   12 litres.

Sucre, eau, vin, comme pour le sirop de groseilles.

Sirop d'orgeat

Essence de sirop d'orgeat.. .   1 flacon.
Eau de fleurs d'oranger.. . .   1 litre.

Le reste comme au sirop d'orgeat naturel.

Sirop de violettes

Essence de sirop de violettes.   1 flacon.
Eau de roses.. . . . .   1/2 litre.

Le reste comme au sirop de violettes naturel.

Sirop d'oranges

Essence de sirop d'oranges..   1 flacon.
Acide tartrique. . . . .   250 gram.

Le reste comme au sirop de violettes naturel.

Sirop de limon

Essence de sirop de limon. .   1 flacon.
Acide tartrique. . . . .   200 gram.

Le reste comme au sirop de violettes naturel.

PUNCH

Punch au rhum, au kirsch, au cognac. — Punch par extraits. — Punch au rhum, au kirsch, au cognac. — Punch Grassot. — Punch Darolles.

Si à du sirop de sucre on ajoute du rhum, du kirsch ou du cognac, on obtient une liqueur qui prend le nom de sirop de punch ou simplement punch.

Doses pour 25 litres.

Punch au rhum

Sirop de sucre. . . . .   10 litres.
Rhum.   9

3/6 de vin..	6 litres.
Esprit de citrons.	50 centil.
— d'oranges.	50

Mélangez, filtrez après repos. — Produit 25 litres.

Punch au kirsch

Sirop de sucre.	10 litres.
Kirsch..	10
Esprit de noyaux.	2
Alcool..	3

Opérez comme ci-dessus.

Punch au cognac

Sirop de sucre..	10 litres.
Eau-de-vie de Cognac..	14
Esprit de capillaire.	1 litre.

Opérez comme ci-dessus.

PUNCH PAR EXTRAITS

Par mesure d'économie, et pour imiter certains punchs estimés du public, on a recours aux extraits. Voici les formules les plus connues :

Punch au rhum

Rhum..	6 litres.
Alcool..	9

Extrait de punch au rhum. .	1 flacon.
Sirop de sucre	10 litres.

Opérez comme ci-dessus.

Punch au kirsch

Sirop de sucre	10 litres.
Alcool	15
Extrait de punch au kirsch . .	1 flacon.

Punch au cognac

Sirop de sucre	10 litres.
Alcool	15
Extrait de punch au cognac.	1 flacon.

Punch Grassot

Sirop de sucre	10 litres.
Alcool	10
Rhum	5
Extrait de punch Grassot	1 flacon.

Punch Darolles

Sirop de sucre	10 litres.
Alcool	10
Rhum	5
Extrait de punch Darolles . . .	1 flacon.

Les extraits donnent la dose de parfum et
d'assaisonnement nécessaires ; sans eux le punch
ne serait que de l'alcool sucré.

SIROP DE FÉCULE

Son emploi dans la fabrication des liqueurs.

Le sirop de fécule est employé à la fabrication des liqueurs, dans lesquelles il remplace le sucre dans une certaine proportion ; mais son emploi a surtout pour but de donner de la densité aux liqueurs, densité qu'elles ne pourraient avoir sans y ajouter une forte quantité de sucre, ce qui en augmenterait le prix ; attendu qu'un litre de sirop de sucre à 36° contient 900 gr. de sucre et revient en moyenne à 1 fr 40, tandis qu'un litre de sirop de fécule à 36° ne coûte en moyenne que de 40 à 60 centimes. Ce n'est que depuis quelques années qu'il a atteint ce dernier prix qui est exorbitant. On voit donc qu'à densité égale, le sirop de fécule coûte deux fois moins que le sirop de sucre.

Quand ce sirop est bien fait, que la décomposition de la fécule a été soigneusement menée, il est transparent, ne contient pas de gomme et s'identifie parfaitement au sucre ; il ne dépose pas plus que lui et donne plus de velouté et de fraîcheur aux liqueurs, mais il couvre moins le parfum, et les arômes qu'il retient ont moins de finesse : c'est pourquoi il n'entre que dans la composition des liqueurs ordinaires, demi-fines et fines. Il est tout à fait exclu des liqueurs surfines.

Quand on emploie un sirop de fécule dont la qualité est douteuse, il faut laisser les liqueurs en fût pendant douze jours au moins avant de les filtrer, et les coller à la poudre clarifiante ;

avec cette simple précaution, on évitera les dépôts en bouteilles.

Ces dépôts proviennent souvent de ce que le blanc employé à la saturation de l'acide, n'a pas été entièrement précipité.

Un autre inconvénient du sirop de fécule, inconvénient qu'il a de commun avec le sirop de sucre, c'est qu'il cristallise parfois dans les bouteilles. Cela est facile à éviter.

Le sirop de fécule contient aussi, parfois, des restes de l'acide qui a servi à la décomposition, ce qui nuit à certaines colorations, etc.

Le sucre de fécule comme le sucre ordinaire n'est pas soluble dans l'alcool; or, quand la proportion d'alcool est trop forte, la glucose se précipite. Pour remédier à cet accident, il suffit de laisser la liqueur pendant huit ou dix jours en fût. Ce temps est suffisant pour que le dépôt se forme; on reprend alors cet excès de sucre, s'il est fixé aux parois du vase, avec un peu d'eau bouillante.

Le sirop de sucre produit très-souvent cet effet qui, comme nous l'avons dit, a la même cause; cependant il arrive quelquefois que la dose de sucre et d'alcool n'est pas trop forte et que des cristaux se remarquent au fond des bouteilles; la cause de cette décomposition est que le sirop a été cuit à plus de 34° bouillant ou que l'on n'a pas eu le soin de le boucher au moment de l'extinction du feu; il s'est formé alors du candi qui surnage à la surface et qui finit par déposer.

Le sirop de fécule rend de grands services à la distillation pour la fabrication des liqueurs communes et celle des sirops ordinaires; car on peut le faire entrer dans les proportions suivantes.

Pour les liqueurs ordinaires, 3/4 sirop et 1/4 sucre.
— demi-fines, moitié et moitié sucre.
— fines, 1/4 sirop et 3/4 sucre.

Pour les sirops ordinaires, moitié sirop moitié sucre.
— demi-fins, 1/3 sirop 2/3 sucre.
— fins, 1/4 sirop 3/4 sucre.

Le sirop de fécule se conserve d'une année à l'autre quand il est bien fait, à un degré élevé et placé dans une cave bien fraîche; à 32 et 34 degrés, dans un local à 16°, il peut fermenter assez rapidement.

Exposé à la gelée, le sirop de fécule se prend en masse et devient grenu; mais cette transformation ne lui ôte rien de ses qualités; seulement il est plus long à se dissoudre, et dans ce cas il faut employer un peu d'eau bouillante.

Le sirop de fécule est incristallisable à proprement dire, car les masses grenues qu'il forme ne sont pas des cristaux complets.

On a cherché à cristalliser le sirop de fécule, sans y parvenir d'une manière complète; cependant, il paraîtrait que depuis longtemps déjà, le docteur Gall, de Trèves (Prusse), a trouvé le moyen d'opérer cette cristallisation. En 1858, ce savant nous écrivait qu'il poursuivait activement ses recherches et qu'il espérait bientôt que l'on vendrait le sucre de fécule cristallisé comme le sucre de betteraves. Depuis cette époque, nous n'avons rien appris du résultat de de ses recherches.

Le sirop de fécule a une foule d'emplois; plus de vingt industries diverses s'en servent; il n'y a pas jusqu'aux fabricants de parfumerie qui l'emploient; mais, depuis quelques années, la cherté des fécules en a fait augmenter considérablement le prix et restreindre l'usage.

CIDRE ET POIRÉ

Fabrication du cidre. — Refermentation des marcs. — Coloration. — Conservation. — Clarification. — Maladies. — Poiré. — Eau-de-vie de cidre.

Le cidre et le poiré sont des boissons d'une précieuse ressource pour les contrées où la vigne ne produit plus ; on doit donc s'attacher à en tirer le meilleur parti ; car il est du cidre comme du vin : avec des soins on peut obtenir une bonne boisson là où elle est d'habitude très-mauvaise.

Fabrication

Pour faire du bon cidre, il faut des pommes bien mûres et bien saines, contrairement au préjugé qui est répandu dans certaines contrées de la Normandie où l'on croit qu'il faut un tiers de pommes *mêlées* (mi-gâtées).

Les pommes piquées des vers ont une maturité anticipée qui les rend propres à faire un bon cidre ; ne les rejetez donc pas dans les années de disette.

La première amélioration que nous demanderons, c'est de cueillir les pommes et non de les gauler : les meurtrissures y font grand mal en désorganisant les tissus du fruit et en modifiant les principes de la fermentation.

Mettre en tas les pommes cueillies, les y laisser subir une sorte de fermentation est chose connue, utile. Les piler, les presser et en extraire le jus sont choses faciles.

Il faut diriger la fermentation d'après les
données que nous avons citées à propos du vin,
avec cette différence que la densité du moût est
très-faible, et que l'on n'a pas à s'en occuper du
moment que l'on opère avec le jus naturel de la
pomme, ou même avec une légère addition d'eau,
résultant des recoupages de marcs et du nettoyage des ustensiles.

Refermentation des marcs

Dans les années de disette, nous conseillons
d'opérer la refermentation comme nous l'avons
dit pour les marcs de raisins ; on obtiendra ainsi
une récolte double qui aura une valeur inestimable pour la plupart des maisons qui n'ont pas
d'autre boisson. Dans ce cas, nous ferons remarquer que la dose de sucre peut être moindre,
et qu'au lieu de sucrer l'eau à 8° on peut ne la
sucrer qu'à 6° ; quant à tout le reste, suivre
exactement les quantités données pour obtenir
les mêmes qualités proportionnelles. Dans tous
les cas, on peut facilement doubler la quantité
du cidre ; car l'analogie du vin de sirop de fécule
avec le cidre est beaucoup plus grande qu'entre
le vin de raisin et le vin de fécule ; un praticien
nous a assuré avoir obtenu des résultats surpre-
nants, soit de refermentation de cidres vieux
avec du sirop de fécule, soit même de vinifica-
tion simple à l'aide du sirop de fécule, qui produisait une boisson imitant le cidre et le dépas-
sant en vinosité.

Les brasseurs de Paris fabriquent des cidres à
l'aide du sirop de fécule et d'une très-faible addition de pommes. Voici les quantités employées
dans quelques brasseries.

Pommes pilées . . . .   4 hectol.

Sirop de fécule liquide ou
   massé. . . . .   160 litres.
Eau chaude à 60°. . . . .   10 hectol.
Ferment ou levûre de bière..   1 kilog.

On laisse fermenter quelques jours après avoir brassé le tout ensemble, et on décante. Le marc est repris et on le traite à nouveau et comme suit :

Marc de pommes. . . . .   5 hectol.
Eau chaude à 60°.   5
Sirop de fécule. . . . .   100 litres.
Ferment.. . . . .   1 kilog.

On mélange, on laisse fermenter quelques jours, on décante et on entonne.

Ces boissons sont pauvres en alcool, mais on en fait qui sont plus faibles encore.

Coloration

Il arrive souvent que le cidre est presque in-colore, tandis que la vente exige qu'il soit coloré. Pour se conformer à cet usage ou au désir de l'acquéreur, on peut le colorer avec le caramel si on le veut jaune, ou avec la *Teinte bordelaise*, ou encore avec le *vin de couleur* qui servent à colorer le vin.

Conservation

Il n'y a pas de liqueur aussi négligée que l'est le cidre ; on le fabrique mal, on le loge dans des fûts mal soignés et on l'abandonne à lui-même.

Il n'est pas étonnant qu'après sept mois de fabrication ce ne soit plus que du vinaigre, ou tout au moins une boisson fort désagréable et très-peu salubre pour quiconque n'y est pas habitué. Rien n'est plus facile que de faire de bon cidre si ce n'est de le conserver. Soutirez au printemps, entonnez dans des futailles carbonisées à l'intérieur et collez à la *poudre anglaise*. Soutirez à nouveau, 15 jours après, remplissez exactement et bondonnez : visitez de temps en temps. Avec ces simples précautions, vous aurez un cidre qui se conservera plusieurs années, qui sera limpide et ne s'aigrira que très-difficilement. Il sera vineux et très-agréable à boire; conservez en cave à 10° ou 12° R. au plus.

On peut conserver du cidre sans qu'il s'altère en le soutirant dans des fûts soufrés, trois fois par an., — Les Anglais conservent leur cidre presque doux pendant 7 ou 8 ans, en le soutirant aussitôt qu'il commence à bouillir après le pressurage, et ils recommencent cette opération chaque fois que la fermentation reparaît.

Clarification

Si vous demandez pourquoi le cidre n'est pas clair, on vous répondra que c'est qu'il ne s'est pas éclairci; et si vous dites qu'il faut le coller, on vous dira qu'on n'en a pas l'habitude, à moins cependant que dans certaines années, pour ne pas boire de la bouillie, on se soit décidé à y jeter des cendres de poirier.

Nous avouons n'avoir pas compris, et beaucoup d'autres seront comme nous, d'où est venu l'usage de jeter des cendres dans le cidre, ou même de la chaux vive : cette addition n'a aucune influence, aucune action clarifiante; la seule propriété qu'elle ait c'est de le désacidifier, par conséquent de le rendre plus doux.

La quantité de lie est considérable dans le cidre ; elle s'élève parfois jusqu'à 15 et 20 litres par pièce de 230 litres ; on voit quelle perte immense produisent l'ignorance et la routine. En collant, il n'y aurait pas plus de 2 à 3 litres de lie.

Rien de plus simple que la clarification : elle se fait avec 30 grammes de poudre anglaise (voir *aux produits œnologiques*), et elle a lieu en 48 heures, sans enlever au cidre aucune de ses propriétés, ni la plus faible partie *de sa force*.

Le cidre pourrait devenir une boisson très-répandue s'il était soigneusement fait, soutiré, conservé et clarifié ; nous connaissons bon nombre de personnes qui en feraient un usage permanent, tout en ayant du vin dans leur cave.

Le paysan qui fait du cidre est tellement ignorant et peu intelligent, que dans la crainte de dépenser 25 centimes pour clarifier une pièce de cidre, il préfère jeter 10 litres et plus de son meilleur produit.

Maladies

Les maladies du cidre se traitent et se guérissent comme celles du vin blanc : elles ont les mêmes causes.

POIRÉ

Tout ce que nous avons dit du cidre est applicable au poiré. Le poiré est plus vineux que le cidre, et s'il était mieux fait il aurait une grande vogue. On se sert du poiré à Paris pour

allonger les vins blancs, ou même les remplacer;
pour cela on y ajoute de l'eau dans de fortes
proportions.

EAUX-DE-VIE DE CIDRE ET POIRÉ

On retire du cidre une eau-de-vie d'assez
bonne qualité; on peut en retirer aussi des
marcs. Ces eaux-de-vie portent avec elles le
goût particulier aux principes qui leur ont
donné naissance; mais on peut les améliorer
par tous les moyens que nous avons indiqués à
l'article *Eaux-de-vie*.

Les eaux-de-vie de cidre ne s'exportent guère;
on les consomme dans le pays où elles sont
produites; on est habitué à leur goût et on ne
s'enquiert guère de les améliorer. Cependant,
le débitant ou le marchand pourrait facilement
en doubler la valeur en leur faisant subir le
traitement qui suit :

Pour 100 litres eau-de-vie de cidre, prenez :

Sirop de raisin.	4 litres.
Rancio	1 flacon.
Tafia	2 litres.
Eau...	2
Poudre clarifiante..	50 gram.

Délayer le sirop dans l'eau bouillante, verser
dans le fût; mêler le tafia au rancio, verser dans
le fût; agiter et coller avec la poudre, comme il
est d'usage, et bonder hermétiquement. Trois
mois après ce traitement, cette eau-de-vie vaut
certains cognacs que l'on paie bien cher, surtout
si on l'a colorée avec de la charentaise.

Épuration et rectification des eaux-de-vie de cidre

Les eaux-de-vie dites de cidre sont très-souvent le produit de la distillation des marcs et des lies ou dépôts de cidre. Elles sont, la plupart du temps, distillées à feu nu et ont un goût détestable. Nous allons indiquer le moyen de les rendre neutres et de les faire entrer dans la consommation concurremment avec les bonnes eaux-de-vie de vin. Mais pour cela, il nous faut diviser notre travail en deux parties : la distillation à feu nu, et celle à la vapeur ou au bain-marie.

Distillation à feu nu

Si l'on distille du cidre, il suffira de conduire l'opération lentement, de séparer les dernières parties qui coulent et de les jeter dans la distillation suivante, et de procéder à la rectification de la même manière, mais en ayant soin d'ajouter environ 30 pour 0/0 d'eau. Cette addition a pour but d'allonger le liquide et d'absorber une partie du mauvais goût. Plus on en ajouterait, plus l'eau-de-vie obtenue serait de bonne qualité; mais les appareils et l'économie s'y opposent; car, d'un côté, l'eau-de-vie obtenue n'aurait pas le titre voulu, de l'autre, les frais de combustible seraient trop élevés. C'est donc au distillateur à combiner ses opérations en raison de ce qu'il veut obtenir comme résultat, et à calculer ses opérations en raison du prix de revient de ses produits, et du prix de vente.

Les meilleurs appareils pour la distillation des eaux-de-vie de cidre et lies de cidre, sont les appareils à col de cygne.

S'il s'agit de distiller des lies ou dépôts de cidre, ces matières étant plus ou moins infectes, il faut recourir à des moyens d'épuration, si l'on veut obtenir une eau-de-vie passable. Voici comment on devra procéder :

1° Remplir une cuve de dépôts et laisser reposer 24 heures. Soutirer la partie liquide, que l'on met dans un vase à part ;

2° Jeter le dépôt dans des sacs de grosse toile et laisser passer la partie liquide à travers, sans pression, afin de ne pas faire couler le dépôt lui-même, qui n'est propre qu'à être jeté ;

3° Réunir les deux liquides ;

4° Y jeter, par chaque hectolitre, 100 grammes de charbon de bois pilé, 25 grammes de poudre désinfectante, et 50 grammes de sel gris de cuisine ;

5° Distiller lentement ;

6° Rejeter les dernières parties dans la distillation suivante, aussitôt que l'on sent que le mauvais goût se prononce.

Cela fait, on procède à la rectification en ajoutant 30 pour 100 d'eau, comme nous l'avons dit plus haut.

Distillation à la vapeur ou au bain-marie

Pour la distillation au bain-marie ou à la vapeur, il faut opérer comme nous venons de le dire, et on aura des produits bien supérieurs. Mais à défaut du second on emploierait le premier ; alors, il faudrait modifier le travail comme nous allons l'indiquer, en ayant le soin d'employer de préférence des appareils à col de cygne, qui donnent des eaux-de-vie plus neutres.

Par chaque hectolitre de dépôt, lie ou baissière, il faudrait :

1° ajouter 100 grammes poudre désinfectante; 100 grammes poudre de charbon de bois pilé; 100 grammes sel gris;

2° Distiller à petit feu;

3° Séparer le produit de la distillation aussitôt qu'on sentirait qu'il prendrait un goût plus désagréable.

Pour la rectification on procéderait de la même manière que pour les appareils à feu nu.

Dans l'un comme dans l'autre cas on se trouve très-bien de jeter dans l'alambic, lors de la rectification, un flacon d'essence de cognac par 2 ou 3 hectolitres d'eau-de-vie à obtenir, soit, par 6 hectolitres environ de liquide à rectifier.

Si l'on voulait avoir des eaux-de-vie de choix, on pourrait séparer les premières parties qui coulent; mais ce serait au détriment du reste.

Si l'on tenait à donner une pointe du bouquet des eaux-de-vie de vin, il faudrait alors ajouter, lors de la rectification, quelques litres de baissière de bon vin : une addition de 6 à 10 pour 100 de ces lies ou dépôts suffit pour produire un effet sensible.

BIÈRE

Malt. — Houblon. — Fabrication de la bière. — Classification. — Maladies. — Bière de Bavière (*remarques*). — Ferment. — Améliorations et observations.

Nous ne prétendons pas donner ici de grands détails sur la fabrication de la bière; notre but est de signaler les erreurs, d'indiquer le remède au mal et de donner les formules des meilleures bières.

Malt

Tous les brasseurs connaissent l'art de préparer le malt, mais la plupart commettent une faute grave en le faisant trop dessécher. Le malt pâle est préférable au malt ambré et celui-ci au malt brun; plus on chauffe le malt et plus la matière sucrée s'altère et diminue; de telle serte que le malt brun donne une liqueur moins vineuse que le malt pâle. La fermentation est également moins bonne avec le malt brun et plus difficile.

Dans quelques localités on cherche le goût de *brûlé* et alors on est obligé de torréfier le malt; il y a deux moyens d'atteindre ce but sans dénaturer le malt. Le premier consiste à colorer fortement avec du caramel *dit de raisin* (voir *aux produits pour la brasserie*), le second à torréfier du son de bière ou de la drèche arrosée d'un peu de mélasse: 6 kilogrammes par 100 kilogrammes de son frais.

Il serait à désirer pour la brasserie qu'il s'établit des fabriques de malt; on le ferait mieux et à moins de frais; il y a quelques établissements de ce genre en Angleterre où on le prépare et d'où il est ensuite livré aux brasseurs.

Il est très-facile de reconnaître si le grain a été malté ou simplement chauffé. Il suffit pour cela de le jeter dans un verre d'eau. Le grain malté surnage, celui qui ne l'a pas été ou qui l'a été incomplétement tombe au fond.

Houblon

Le bon houblon est résineux, visqueux au toucher; il adhère aux doigts: il est aromatique et sa couleur est vive; ses graines sont olives. Si le houblon est vert, il a été cueilli trop tôt; s'il est brun il a été cueilli trop tard; trop vieux il a perdu une partie de sa force; trop vert il n'a pas d'arôme.

FABRICATION DE LA BIÈRE

Nous allons donner la formule des principales bières de France et de l'étranger.

Bière de Strasbourg

Pour 20 hectolitres de bière, prenez :

Malt.	600 kilog.
Houblon	12
Eau.	25 hectol.

Portez l'eau à l'ébullition si votre eau est crue, séléniteuse ou calcaire, envoyez-en à la cuve-matière et refroidissez à 32 degrés centigrades; ajoutez le malt, brassez en une pâte légère, laissez infuser une heure. — Après ce temps, renvoyez encore de l'eau bouillante jusqu'à ce que le malt se soulève, et *mâchez* (brassez ou mélangez) pendant 5 minutes. Cela fait, donnez encore de l'eau chaude en continuant de mâcher, et, quand les deux tiers environ de l'eau chaude ont passé dans la cuve, on s'assure du degré de la température qui doit être de 65 à 66° centigrades. On cesse l'addition de l'eau, on mâche 25 minutes et on couvre la cuve.

Une heure après on décante le moût en le faisant couler dans la cuve et on le conduit à l'aide de la pompe dans le bac à moût où on le maintient chaud jusqu'au moment de l'envoyer dans la chaudière à cuire.

On introduit l'eau de la chaudière qui est en ébullition, sous le faux fond de la cuve-matière et on procède à la seconde trempe ; on mâche 25 à 30 minutes, et on opère comme pour la première trempe.

On peut procéder à une troisième trempe ; mais elle est inutile ; le malt est épuisé.

On fait le soutirage du premier métier aussitôt que la drèche s'est précipitée. — A ce moment, le moût doit marquer 50 degrés centigrades, en coulant dans la chaudière à cuire, où on a mis le houblon aussitôt que l'eau de la seconde trempe en a été extraite.

On agite le moût et le houblon ensemble, pour les bien mêler et on chauffe vivement.

Une demi-heure après, on monte la seconde trempe dans la chaudière ; on pousse la cuisson jusqu'à ce qu'il y ait environ un cinquième de réduction pour la bière rouge-cerise et un sixième pour la bière jaune d'or.

Pendant les grandes chaleurs, on augmente la dose de houblon.

Quand la bière est concentrée au point voulu, on l'envoie au rafraîchissoir en la faisant passer à la cuve-matière pour y déposer le houblon, ainsi que les matières qui se précipitent en moins d'une heure ; on tire à clair et on envoie sur les bacs, où elle descend vite à la température de l'atmosphère. On la fait passer dans la cuve-guilloire et on met en levure avec 8 litres de levûre nouvelle à la température de 15 ou 18° cenligrades au plus, et on entonne dans des fûts de 4 à 5 hectolitres en été et plus grands en hiver. — On place les fûts dans une pièce à 10 ou 12 degrés centigrades.

La fermentation s'établit, et après 24 heures le jet d'écume se ralentit et celui de levûre commence pour finir en 24 heures en été et 36 heures en hiver. Alors, on remplit et on continue de 12 heures en 12 heures; ces remplissages se font avec de la bière soutirée, de la levûre et des écumes; il faut se garder de les faire avec de la bière.

On soutire après quelques jours de repos. La bière de Strasbourg ne se colle pas quand on la laisse quelque temps avant de la livrer à la consommation.

Bière de Bavière

Pour faire 90 hectolitres de bière de Bavière, prenez :

Malt d'orge pâle, bien sec...	13 hectol.
Houblon...	24 kilog.
Levûre de fond...	1 litre.
Colle de poisson...	500 gram.
Benoîte...	2 kilog.
Eau...	100 hectol.

Opérez comme ci-dessus, avec cette différence qu'on met en levûre à 12 ou 13° — L'entonnage de la bière ne se fait qu'après que la fermentation s'est terminée dans la cuve. On transporte dans des caves sans courant d'air.

Bock

Pour faire 30 hectolitres de bock, prenez :

Malt pâle. . : . . : . . . . : :   18 hectol.
Houblon:. : . . : . . . . : . .   24 kilog.
Colle de poisson.. . . . . : :   500 gram.
Graine de coriandre.. . : : :   500
Chardon bénit.. : . . . : . .   500
Levûre de fond: : : : . : : .   1 litre.

Opérer comme ci-dessus, mais laisser cuire le houblon moins longtemps (une heure et demie seulement); on ajoute la coriandre et la colle de poisson dans le moût bouillant 20 minutes avant d'éteindre le feu. — On colore fortement.

Bière de fécule

Cette bière est rapidement faite et elle est très-économique. — Pour faire 20 hectolitres, prenez :

Eau bouillante.. : . . : . . :   21 hectol.
Sirop de fécule. . . : : . . . .   350 kilog.
Houblon. : . : . : : . :   12
Coriandre: : : . : : . . . .   500 gram.
Benoîte: . : . :   500
Levûre de fond. . . . .   1 litre.
Caramel de raisin. . . . . : . .   3 litres.

Faites bouillir le houblon, la coriandre, la benoîte pendant deux heures, faites passer l'eau dans la cuve-matière, ajoutez le sirop et le caramel; laissez déposer une heure, rafraîchissez à 15° et mettez en levûre.

Procédez à une décantation de l'eau houblonnée, afin que le houblon n'entraîne pas du marc avec lui.

Pour donner du piquant à cette bière, on peut ajouter 100 grammes d'acide tartrique par hectolitre; l'acide s'ajoute en même temps que le sirop.

On clarifie avec la colle de poisson ou toute autre colle si on est obligé de livrer de suite à la consommation.

On fait des bières mixtes avec de l'orge et du sirop de fécule dans diverses proportions.

Porter

Pour 50 hectolitres de porter, prenez :

Malt.	20 hectol.
Houblon.	45 kilog.
Eau.	70 hectol.

Faites quatre infusions ou trempes. La première avec 25 hectolitres d'eau à 69°. La seconde avec 20 hectolitres à 74°. La troisième avec 15 hectolitres d'eau à 80° et la quatrième avec 10 hectolitres à 82°. — Opérez comme pour la bière de Strasbourg et réduisez à 50 hectolitres.

Ale

Pour 65 hectolitres, prenez :

Malt pâle.	87 hectol.
Houblon..	100 kilog.
Eau.	100 hectol.

Opérez comme pour le porter et réduisez à 65 hectolitres.

Clarification

La clarification pour la bière faible est un agent de destruction; il ne faut donc clarifier que quand il est impossible de ne pas le faire. On clarifie soit avec la colle de poisson, soit avec la *poudre-colle des Anglais*, que l'on jette dans le brassin en ébullition à la dose de 25 à 50 grammes par hectolitre. On laisse bouillir 30 minutes au moins; cela fait, on a rarement besoin de recourir à la colle de poisson.

Si la bière est nuageuse et rebelle, il faut aider l'action de cette poudre en ajoutant une cuillerée d'acide sulfurique par hectolitre. On jette cet acide dans le fût avant la dissolution de la poudre. L'acide se combine avec les matières glutineuses et mucilagineuses qui surnagent et donne naissance à un composé nouveau : employé à cette dose, l'acide sulfurique n'est point nuisible.

Conservation

Le meilleur moyen de conserver la bière, c'est de la mettre dans de grands fûts, surtout en été, mais cette boisson se conserve généralement mal, parce qu'elle est ordinairement mal fabriquée, que les ustensiles dont on se sert sont nettoyés avec trop peu de soins et que la levûre est de mauvaise qualité. Il n'y a guère qu'en Bavière où l'on fasse des bières de garde; cela tient à un procédé particulier de mise en fermention (*voir* plus loin).

La levûre subit des altérations de toute nature et c'est à cela qu'il faut attribuer la plupart des maladies qui affectent la bière en été. On y remédié par l'emploi de la *levûre anglaise* (voir *aux produits œnologiques*) et du *ferment*. Ces produits modifient l'action de la levûre, le travail de la fermentation, et ajoutent au moût des principes indispensables à une bonne conservation, en même temps qu'ils influent d'une manière favorable sur le bon goût, la saveur de la bière et la clarification.

Maladies

La bière est sujette comme le vin à bien des maladies qui sont la graisse, les goûts de fût, de moisi, l'aigre, etc.

La graisse se guérit en quelques jours par l'emploi de la poudre Brown (voir *aux produits œnologiques*). On la prévient par l'emploi du ferment chimique.

Les goûts de fûts et de moisi sont difficiles à enlever; on les atténue avec la poudre *revivifiante* des vins.

La bière aigre est rappelée à son état normal ou à peu près avec la *poudre Trumann* (voir *aux produits œnologiques*).

Quant aux bières *revêches*, on les clarifie avec de l'acide sulfurique, mais souvent ce remède échoue. On prévient cette maladie par l'emploi du ferment chimique.

Il y a une altération à laquelle la bière est sujette aussi ; c'est la *perte de force*, ce que les brasseurs nomment *bière plate* ou *éventée*. Cette altération provient d'une mauvaise fermentation ou d'une fermentation incomplète. On la guérit en la faisant fermenter avec un peu de nouvelle bière, ou mieux encore en y ajoutant de l'*extrait de porter* (voir *aux produits œnologiques*) ou des lies de vin fraîches.

Il y a encore des bières qui ne moussent pas,

ou qui moussent difficilement, on les fait mousser à l'aide du *mousse-bière* ou de *l'heading* (voir aux produits œnologiques).

BIÈRE DE BAVIÈRE

Remarques.

Les bières de France et d'Angleterre et même de l'Allemagne se conservent peu, tandis qu'en Bavière elles se conservent indéfiniment, sans s'aigrir, même dans des fûts à moitié plein. Cette propriété de se conserver provient de la manière de faire fermenter le moût, appelé *fermentation avec dépôt*. Voici les détails de cette fabrication d'après Liébig.

Le moût de bière est, en proportion, bien plus riche en gluten soluble qu'en sucre : lorsqu'on le met en fermentation d'après le procédé ordinaire, il s'en sépare une grande quantité de levûre à l'état d'écume épaisse, à laquelle s'attachent les bulles d'acide carbonique qui se dégagent, la rendent spécifiquement plus légère, et la soulèvent vers la surface du liquide. Ce phénomène s'explique facilement. En effet, puisque dans l'intérieur du liquide, à côté des particules de sucre qui se décomposent, il se trouve des particules de gluten qui l'oxydent en même temps et enveloppent pour ainsi dire les premières, il est naturel que l'acide carbonique du sucre, et le ferment insoluble provenant du gluten se séparent simultanément et adhèrent l'un à l'autre. Or, lorsque la métamorphose du sucre est achevée, il reste encore une grande quantité de gluten en dissolution dans la liqueur fermentée et ce gluten, en vertu de la tendance qu'il présente à s'approprier l'oxygène et à se décomposer, provoque aussi la transformation de l'alcool en acide acétique; si on l'éloignait entièrement, ainsi que toutes les matières capables de l'oxyder, la bière perdrait par là la propriété de s'aigrir. Ce sont précisément ces conditions que l'on remplit dans le procédé suivi en Bavière.

Dans ce pays, on met le moût houblonné en fermentation dans des bacs découverts ayant une grande superficie et disposés dans des endroits frais, dont la température ne dépasse guère 8 à 10° centigrades. L'opération dure trois à quatre semaines; l'acide carbonique se dégage, non pas en bulles volumineuses, éclatant à la surface du liquide, mais en vésicules très-petites, comme celles d'une eau minérale, ou d'une liqueur qui est saturée d'acide carbonique, et sur lequel on diminue la pression. De cette manière, la surface du liquide est constamment en contact avec l'oxygène de l'air; elle se couvre à peine d'écume et tout le ferment se dépose au fond des vaisseaux, sous la forme d'un limon très-visqueux nommé *lie*.

La lie ne provoque pas les phénomènes de la fermentation tumultueuse, c'est pour cela qu'elle est tout à fait impropre à la panification, tandis que la levûre superficielle seule peut y servir. Cette levûre de dépôt est une matière toute spéciale; ce n'est pas le *précipité* qui se dépose au fond des cuves dans la fermentation ordinaire de la bière, c'est une matière entièrement différente. Il faut des soins tout particuliers pour se la procurer à l'état convenable. Dans le principe, les brasseurs de Hesse et de Prusse trouvaient toujours plus d'avantage et de sûreté à l'aller chercher à Wurtzbourg ou à Bamberg, en Bavière, qu'à la préparer eux-mêmes. Une fois la première fermentation bien établie et bien réglée, on en obtient en abondance pour une autre et pour toutes les opérations suivantes.

A quantité égale d'orge germée, la bière fabriquée avec dépôt contient plus d'alcool et est plus capiteuse que celle que l'on obtient par les procédés ordinaires. Dans plusieurs États de la Confédération Germanique, on a fort bien reconnu l'influence favorable qu'exerce sur la qualité de la bière l'emploi d'un procédé rationnel pour faire fermenter le moût. Aussi, dans le grand duché de Hesse, on a proposé des prix considérables pour la fabrication de la bière d'après le procédé que l'on suit en Bavière.

Ni la richesse en alcool, ni le houblon, ni l'un et l'autre réunis n'empêchent la bière de s'aigrir. En Angleterre, on parvient, en sacrifiant les intérêts d'un capital immense, à préserver de l'acidification les bonnes sortes d'ale et de porter en les laissant séjourner pendant plusieurs années dans des fûts énormes bien clos dont le dessus est couvert de sable, et qui sont entièrement remplis. Ce procédé est identique avec le traitement que l'on fait subir aux vins pour qu'ils *déposent*.

Faire en sorte que la fermentation du moût de bière s'accomplisse à une température basse qui empêche l'acidification de l'alcool, et que toutes les matières azotées s'en séparent parfaitement par l'intermédiaire de l'oxygène de l'air, et non pas aux dépens des éléments du sucre : voilà le secret des brasseurs de Bavière. C'est au mois de mars et d'octobre que se fabrique la bière dans ce pays. Les brasseries sont pour ainsi dire fermées pendant l'été.

Ferments

En Allemagne, et surtout en Bavière, on distingue deux espèces de ferments de bière : la levûre ordinaire et le ferment de dépôt. MM. Liebig et Mitscherlich ont insisté sur cette distinction qui, dans la pratique, est fort importante, car elle permet d'obtenir, au gré du fabricant, des bières légères d'une conservation passagère, ou des bières fortes et d'une longue conservation. La bière forte de Bavière n'est pas fabriquée en France. Il n'est donc pas étonnant qu'on n'ait pas insisté jusqu'ici sur la différence de ces ferments alcooliques et des circonstances accessoires indispensables pour produire cette espèce particulière de boisson.

On distingue donc deux espèces de ferments : le ferment de bière ou de la *fermentation vive,* et le ferment de la lie ou de la *fermentation lente.* Turpin et Quévenne ont démontré : 1° que la levûre de bière ou le ferment pur est un amas de petits corps globuleux organisés, et non une substance simplement organique ou chimique, comme on le supposerait ; 2° que ces corps paraissent appartenir au règne végétal et se régénérer de deux manières différentes ; 3° et qu'ils semblent n'agir sur une dissolution de sucre qu'autant qu'ils sont en état de vie.

Cagniard a remarqué : 1° que cette matière peut se développer très-rapidement, même au sein de l'acide carbonique dans la cuve des brasseurs ; 2° qu'elle ne périt point par le refroidissement, même le plus considérable, ni par la privation d'eau. A ce propos, nous signalerons ce fait, c'est qu'on a lavé de la levûre de porter, on en a expulsé l'eau au moyen d'une presse mue par la vapeur, ce qui lui a donné une grande dureté. Elle s'est ainsi trouvée si bien séchée, qu'elle a pu être expédiée aux possessions anglaises des Indes-Orientales, où elle a donné les résultats qu'on en attendait.

Cependant, la levûre perd sa propriété fermentescible, si elle est *désséchée complétement*, si elle a été bouillie pendant un grand espace de temps, si elle est arrosée d'alcool pur, d'acide très-fort, comme l'acide sulfurique; si elle est mise en contact avec des huiles grasses ou volatiles en grande quantité.

La levûre de bière ne produit la fermentation que sur des liquides qui contiennent de 6 à 15 pour cent d'alcool, au delà la fermentation est nulle. La levûre de fond ou ferment de lie excite la fermentation sur des liquides qui en contiennent de 18 à 20 pour cent.

Amélioration et observations

L'expérience a démontré que l'eau qui sert aux trempes ne doit pas être mise sur le malt à plus de 85° centigrades, soit 68° R.

Il ne faut pas brasser le malt trop longtemps, 25 à 30 minutes suffisent. En brassant trop peu, on perd de la matière sucrée; en brassant trop, on force l'eau à dissoudre des matières glutineuses, et la bière devient pesante, visqueuse, indigeste et difficile à clarifier.

Si le moût est bouilli trop longtemps, il devient impropre à une bonne fermentation.

Il est inutile de faire bouillir le moût et le houblon ensemble ou même l'infusion de houblon.

Le houblon, infusé pendant 3 ou 4 heures à une douce chaleur, et non bouilli, produit une bière meilleure, plus délicate et d'une garde bien supérieure.

Le moût fermenterait seul, sans addition de ferment ou de levûre, si on ne détruisait pas son principe fermentescible par l'ébullition.

La levûre de bière pousse plutôt à la fermentation acide qu'à la fermentation vineuse ou alcoolique. Les brasseurs commettent donc une faute grave en faisant bouillir le moût, puisqu'ils empêchent la fermentation qu'ils sont obligés de rappeler en employant une grande quantité de ferment ou levûre.

Le malt trop séché et à trop grand feu, et le houblon fortement bouilli, sont les principales causes des maladies de la bière. Ils les rendent difficiles à clarifier, revêches ou grisés, etc., etc.

On peut faire de la bière avec du grain non germé, mais simplement bouilli dans l'eau. Les peuplades des Indes préparent ainsi une boisson de riz qui se garde pendant plusieurs années. En Russie, les paysans font une sorte de bière avec du grain non malté; mais l'expérience a démontré qu'il y a une perte de 30 à 40 pour cent à employer du grain non germé, parce qu'il fournit une substance moins soluble dans l'eau, et que la fermentation est moins bonne que quand il a subi cette opération.

Ne mélangez jamais la bière vieille avec la bière nouvelle avant que celle-ci ait achevé complétement sa fermentation, autrement vous feriez du vinaigre.

DU VINAIGRE

Fabrication du vinaigre. — Remontage. — Décoloration. — Conservation. — Clarification. — Vinaigre d'acide. — Coloration en rouge des vinaigres blancs

Il y a une foule de procédés et de systèmes de fabrication du vinaigre. Un volume ne suffirait

pas à les enregistrer tous. Nous devons nous
borner à rapporter ceux qui sont le plus prati-
ques et le plus économiques. On fait du vinaigre
avec le sucre, le vin, l'alcool, les mélasses,
les sirops, etc., etc. Chaque méthode donne un
résultat à peu près identique, et les produits
varient peu de qualité ; c'est au fabricant à
rechercher le système le plus en rapport avec
ses besoins.

FABRICATION PAR LA MÉTHODE ORLÉANAISE

Vinaigre de vin

1º On dispose, dans un endroit approprié à cet
usage, des tonneaux qui ont une ouverture en
haut du fond, de 4 à 5 centimètres de diamètre,
au lieu d'une bonde ;

2º On remplit à moitié ces futailles avec du
bon vinaigre, et l'on ajoute 10 litres de vin à
chacune ;

3º Huit jours après, on remet encore 10 litres
de vin, et ainsi de suite, de huit jours en huit
jours, jusqu'à ce que le tonneau soit plein.

Si on opère en été, par les grandes chaleurs,
on peut mettre 10 litres de vin tous les quatre
ou cinq jours ;

4º Quand le vin est entièrement acétifié, on
soutire la moitié du liquide et on recommence
l'opération.

On voit que cette méthode est simple et peu
dispendieuse ; mais elle a l'inconvénient d'être
lente, surtout si on ne chauffe pas l'atelier quand
la température est froide.

Vinaigre d'alcool

1º On remplit, de copeaux de hêtre, une cuve
de 5 à 6 hectolitres ;

2° On chauffe l'atelier à 25° et on entretient cette température ;

3° On arrose les copeaux, pendant quatre ou cinq jours de suite, avec de bon et fort vinaigre qu'on rejette sans cesse sur les copeaux au moyen d'un arrosoir à pomme.

Cela fait, on soutire le vinaigre qui a perdu sa force, et on l'utilise en l'ajoutant à de plus fort, par parties, et on opère comme il suit, cette opération n'ayant pour but que de se procurer des copeaux acétifiés :

1° Le matin on chauffe l'atelier jusqu'à 30 ou 32° Réaumur ou 40 centigrades. Alors, on verse dans la cuve, au moyen d'un arrosoir à pomme, un mélange composé de :

Ferment.. . . : . . : : : . .	1 litre.
Eau-de-vie. . . . : . : . . .	1
Eau chaude à 25°. . . . . . :	18 litres.

On ferme la cuve, et quand la température est tombée à 26° Réaumur, on la reporte à 30° et on l'y maintient ;

2° Le soir, soit 12 heures après, on soutire le liquide qui est tombé au fond de la cuve, et on le reverse de nouveau au moyen de l'arrosoir à pomme, en ayant le soin de le distribuer au-dessus de la cuve sur la surface entière des copeaux ;

3° Le lendemain matin, on porte la température à 30 ou 32° Réaumur, et on arrose les copeaux d'un mélange de :

Eau-de-vie. : . . . : : . . .	2 litres.
Ferment . . . . : . : . . : .	1 litre.

On remonte le liquide qui est descendu au fond de la cuve, et on arrose de nouveau les copeaux toujours de la même manière ;

4° Le soir, on renouvelle le soutirage et l'arrosage, et le lendemain, le vinaigre est tout formé. On le soutire et on recommence l'opération.

On introduit de l'air dans la cuve au moyen d'une ouverture pratiquée sur le côté, au tiers environ de la hauteur.

Le ferment employé est de la levûre de bière ; à défaut, on emploie du ferment factice.

Vinaigre de mélasse

Prenez :

Mélasse. . . . . . :	60 kilog.
Eau à 35° R..	180 litres.
Ferment.. :	3 kilog.

Brassez ce mélange et tenez-le à une température de 25° R. La fermentation s'établit, et 15 à 18 jours après, la masse est convertie en vinaigre.

Vinaigre de bière

Le vinaigre de bière se fait comme le vinaigre de vin (voir *Méthode orléanaise*) ; mais comme la bière est moins riche en alcool que le vin, il faut y ajouter 3 centièmes de mélasse ou 4 centièmes d'alcool à 22° Cartier.

Vinaigre de cidre

Ce vinaigre est excellent ; il se fabrique de la même manière que le vinaigre de vin. Quelquefois une addition de ferment est nécessaire.

Vinaigre d'alcool par la méthode accélérée

A de l'alcool à 20 ou 22° Cartier, mêlez du jus de pommes de terre exprimé, des jus de betteraves ou de plantes quelconques ; soit encore du moût d'orge ou de grains, dans les proportions suivantes:

    Alcool à 22°.. . . . .   12 litres.
    Jus   88
                                        ──────────
                       En tout.   100 litres.

Mélangez; faites couler le tout lentement et d'une manière continue, par le moyen de petites cordes disposées sous un récipient, dans un tonneau rempli de copeaux de hêtre acétifiés comme nous l'avons dit plus haut.

Ce tonneau doit être percé de petits trous aux deux tiers inférieurs de sa hauteur et être muni de petits tubes à son fond supérieur, afin d'entretenir un courant d'air dans l'intérieur.

Le liquide s'échauffe parfois jusqu'à 30° et l'acétification est si rapide qu'en descendant au fond du tonneau le liquide est à moitié acétifié et qu'il suffit de le renverser sur un nouveau tonneau pour opérer l'acétification complète, qui se produit en quelques heures seulement.

Vinaigre de flegmes

Pour éviter de payer les droits de consommation sur l'alcool, on peut distiller des moûts fermentés quelconques à 25° centésimaux et acétifier ces *petites eaux.*

Remontage

Les vinaigres qui sont trop faibles pour la vente se remontent avec de l'acide acétique ou des vinaigres forts préparés exprès en les alcoolisant fortement.

Décoloration

Le vinaigre fabriqué avec du vin rouge est naturellement coloré. Pour en faire du vinaigre blanc, il faut donc le décolorer. Pour obtenir ce résultat, on doit procéder comme il suit :

Pour 100 litres de vinaigre rouge, prenez :

Lait bouillant.	2 litres.
Poudre décolorante.	100 gram.

Versez le lait dans le fût. Délayez la poudre décolorante avec un peu de vinaigre, jetez le tout dans le fût et agitez vivement; agitez tous les jours pendant huit jours, laissez reposer et votre vinaigre sera blanc, sinon remettez 100 grammes de poudre décolorante; agitez de nouveau et filtrez.

Vinaigres noirs

Il y a des vinaigres qui noircissent quand ils sont exposés à l'air, ou même par le séjour plus ou moins prolongé dans le fût. Cela provient de ce qu'ils ont été logés dans des fûts neufs, sans qu'on les ait au préalable lavés à l'eau bouillante et avec du vinaigre chaud; ou encore de ce qu'on les a passés sur des copeaux non suffisamment lavés et neufs.

Quand on a de ces vinaigres, il faut les décolorer à nouveau, comme il est dit plus haut, et les employer en coupages et à petites doses, car il redeviennent noirs par le temps.

Le contact du fer et de ses composés suffit pour noircir le vinaigre. Le remède est le même.

Clarification

Le vinaigre se clarifie avec la poudre des vinaigriers; mais il arrive parfois qu'il reste encore des matières en suspension; il faut alors filtrer sur des copeaux de hêtre ou de la sciure de ce bois; mais après les avoir laissés séjourner plusieurs jours dans de l'eau qu'on a employée bouillante et les avoir acétifiés avec du vinaigre chaud

qu'on verse dessus à plusieurs reprises et dans
lequel on les laisse tremper huit jours et plus.
Après cette opération, ils sont propres à la clarification.

Conservation

Les vinaigres se conservent très-bien en fûts;
mais il arrive souvent que les vinaigres faibles
de vin deviennent troubles quand ils sont exposés à une haute température d'été; puis, des
myriades d'anguilles s'y forment et le décomposent. Dans ce cas, il faut le faire chauffer jusqu'à l'ébullition et le filtrer.

Vinaigre d'acide

On a introduit, depuis bien longtemps déjà,
dans le commerce des vinaigres résultant du
mouillage de l'acide pyroligneux. Ces vinaigrés
ne sont pas malsains; mais ils ont un mordant
et un goût *sui generis* qui les fait bien vite distinguer des vinaigres ordinaires de vin, de sucre ou d'alcool; ils leur sont très-inférieurs et
ont de plus l'inconvénient de blanchir les lèvres
et d'agacer fortement les dents.

On a longtemps cherché par plusieurs moyens
à détruire ces vices et à rendre ces vinaigres
aussi agréables que les vinaigres de vin, de cidre, etc., qui leur sont préférés avec raison. On
n'y est parvenu qu'à l'aide d'un produit connu
sous le nom *d'arôme du vinaigre* (voir *aux
produits œnologiques*). Voici comment on opère :
Pour 100 litres d'acide allongé, prenez :

Arôme du vinaigre. . . . . . ,   1 flacon.
Sel marin . . . .   1 kilog.
Eau . . . .   3 litres.

Faites dissoudre le sel dans l'eau, filtrez la solution au papier gris, versez dans le fût et agitez

pour mélanger. Versez-y alors l'arôme, et agitez de nouveau; puis laissez reposer.

Les 3 litres d'eau ajoutée abaissent le titre du vinaigre; mais il est facile de le remonter en y rajoutant un peu d'acide.

Cette opération corrige les vices naturels de l'acide et lui donne un très-joli parfum qui imite celui des vinaigres de vin.

Si on veut opérer mieux encore, c'est d'ajouter à la formule ci-dessus 2 litres de sirop de raisin.

Coloration

On demande souvent du vinaigre rouge; or, comme il est impossible qu'il le soit s'il provient du vin blanc ou de l'acide allongé, on lui donne la couleur au moyen du *carmin liquide*.

TARIF DES MANQUANTS

OU

TABLEAU INDICATIF

DES QUANTITÉS DE LIQUIDE MANQUANT DANS LES FUTAILLES SELON LE CREUX EXISTANT SOUS BOIS.

Nous avons eu souvent besoin de connaître la quantité du liquide manquant dans les fûts et nous avons établi à cet effet un tableau *approximatif* pour remplacer celui de la Régie qui est très-compliqué et très-étendu. Nous croyons donc devoir reproduire ce tableau, afin de servir aux divers usages journaliers. Ainsi que nous venons de le dire, ce tableau n'est pas d'une exactitude rigoureuse; il varie en raison de la manière dont les fûts sont faits; mais tel qu'il est il peut rendre des services.

MILLIMÈTRES de creux sous bois.	TOTAL DES MANQUANTS DANS UN FÛT DE					
	600 à 650	500 à 550	400 à 450	300 à 330	200 à 228	100 à 114
millim.	litres.	litres.	litres.	litres.	litres.	litres.
28	4	3 1/2	3	2 1/2	2	1 1/2
55	10 1/2	10	9	6 1/2	6	5
83	20	20	19	14	13	9
110	39	35	30	24	20	15
135	48	50	45	36	30	22
165	66	68	60	49	40	29
193	85	90	72	63	49	37
220	105	113	91	78	61	45
250	126	135	111	94	74	53
275	148	158	129	111	86	61
300	172	180	150	128	100	68
333	184	206	171	145	114	75
360	229	230	192	162	128	82
390	259	254	215	178	142	88
415	291	278	235	192	154	94
440	325	302	255	208	167	100
470	363	326	274	224	178	105
500	397	3.0	228	240	189	109
525	426	374	304	255	199	114
550	438	398	319	270	208	
580	487	420	335	283	215	
600	510	442	350	296	222	
636	532	460	365	307	226	
666	554	478	378	315	228	
690	574	495	390	320		
720	593	510	402	324		
748	614	520	411	326		
776	626	527	415			
800	637	530				
823	645					
854	648					
880	650					

PRODUITS ŒNOLOGIQUES

Liste des Produits œnologiques. — Liste des Produits spéciaux à la Brasserie. — Manière d'employer ces produits.

Nous entendons parler ici des produits œnologiques propres à l'amélioration, à la clarification et à la fabrication des vins et spiritueux. Chaptal, Lenoir, Cadet de Vaux et beaucoup d'autres se sont occupés de ces produits et les ont recommandés. Olivier de Serres et l'abbé Rozier en ont aussi parlé avant eux. On voit qu'il ne s'agit pas de chose nouvelle. Cependant, il n'y a que depuis quelques années que ces produits ont pris de l'importance, de l'utilité et de la vogue : les mauvaises récoltes en vins et en alcools ont été la cause déterminante de leur développement.

Malgré la défaveur jetée sur ces produits par certaines créations nouvelles imparfaites, ils ont rendu de grands services soit au commerce, soit au consommateur ; au consommateur surtout, car grâce à eux il a pu boire des vins salubres, agréables, au lieu de piquette malsaine, et des eaux-de-vie potables au lieu de cet exécrable 3/6 de betteraves simplement allongé ou mouillé.

Quelques gens, soit par habitude ou par ignorance, soit par calcul ou systématiquement, disent encore qu'ils préfèrent le vin ou 'eau-de-vie qui n'ont pas été *travaillés*. Pourquoi ? ils ne sauraient le dire ; puisque ces substances sont à l'épreuve et qu'il est bien reconnu qu'elles sont d'une innocuité parfaite. Il faut donc rendre justice à la chimie et reconnaître avec nous qu'elle a fait le plus grand bien en substituant aux recettes empiriques et malsaines de la routine des formules efficaces et hygiéniques.

Jadis les marchands de vin n'avaient aucune idée, aucun guide sérieux dans ce travail; on en a vu adoucir les vins aigres avec de la litharge et du sulfate de cuivre qui sont de terribles poisons. Aujourd'hui, l'on n'a pas besoin de recourir à des substances nuisibles pour opérer; car la science nous en offre un grand nombre qui sont infiniment plus efficaces quoique complétement inoffensives, et pour rassurer ceux qui auraient encore de la répugnance à employer ces préparations, nous leur dirons que nous en avons bu en une seule journée assez pour améliorer et parfumer plus de cinq pièces de vin, et cela sans nous en trouver plus incommodé que si nous n'eussions rien pris.

Que l'on ne joue donc plus sur le mot *travaillé*. Est-ce que nous buvons, mangeons quelque chose de naturel? Est-ce que nous faisons quoi que ce soit de naturel? Est-ce qu'il est naturel de faire du feu, d'écrire, de commercer, de s'instruire, de se vêtir, de se prêter assistance? Est-ce qu'il est naturel d'avoir des lois, un gouvernement; de se faire la barbe et de se couper les cheveux? Tout ce qui est utile et même indispensable n'est donc pas toujours naturel, l'homme comme tout le reste a besoin d'être *travaillé*. Le beurre, le fromage sont du lait *travaillés*. Les compotes, les confitures sont des fruits *travaillés*. Nos vêtements sont de la laine, du coton *travaillés*. Les biscuits, le pâté, le gâteau, la galette, sont de la pâte *travaillée*, et ils n'en sont pas plus mauvais pour cela. Le vin est du raisin *travaillé*; travaillons-le donc le mieux possible pour le rendre meilleur, lui et ses produits : eaux-de-vie et liqueurs.

Nécessité fait loi. On manquait d'eau-de-vie, on a dû, pour subvenir à la consommation de bouche, recourir aux 3/6 d'industrie et l'*essence de Cognac* a joué un rôle important dans cette manipulation. Il est vrai que la spéculation, qui se mêle à tout, est venue inonder les négociants en liquides d'une foule de produits inertes pour améliorer les alcools et eaux-de-vie.

Ainsi on a vendu, sous le nom d'essence de Cognac, des solutions de tartre, des infusions et décoctions de plantes, de racines, des eaux distillées de bourgeons de vigne, choses plus ou moins inutiles et inertes; puis, sont venues les mixtions de toute nature, telles que l'éther acétique et nitrique, l'acide sulfurique et autres préparations plus ou moins dangereuses. L'essence de cognac a eu à lutter contre toutes ces imitations au moment où elle n'était pas sans reproches. Aujourd'hui, ce produit est excellent et jouit d'une vogue méritée.

Il en a été de même des bouquets des vins. Qui oserait se plaindre de voir remplacer par un parfum agréable ces détestables goûts de terroir, d'herbe pourrie, de fumier, de gadoue, etc? Quel est celui qui préférera l'odeur du fumier à ces bouquets délicieux, à ce goût de noisette, de mille fleurs qui font l'agrément des vins renommés de la Bourgogne ? S'il existe quelqu'un capable de le faire, qu'on laisse cet être sans palais et sans goût savourer ces ordures à son aise '...

N'est-ce pas une bonne fortune, un bienfait que de pouvoir rendre agréable un vin qui a un goût de terroir désagréable. N'est-ce pas une chose précieuse de rendre à un vin vieux et fin le bouquet qu'il a perdu ? Est-ce qu'un tel vin n'est pas déchu ? C'est bien encore une fleur, mais une fleur sans odeur. Ajoutons-y donc ce qui lui manque : un bouquet de Bourgogne ou de Bordeaux fera renaître instantanément les charmes qu'il avait perdus.

Le bon marché a envahi la distillation comme les autres branches d'industrie. Ajoutez à cela le besoin de faire rapidement et vous verrez que les *Extraits pour liqueurs* ont leur raison d'être aussi bien que le reste. Grâce à eux, on peut faire de très-bonnes liqueurs en quelques heures. Ces produits sont d'une pureté parfaite, et s'ils sont inférieurs sous quelques rapports à ceux qui proviennent d'une bonne distillation ; ils sont incomparablement meilleurs que ceux fabriqués avec certains distillés et avec les huiles essentielles dont l'âcreté persistante, la saveur fausse et l'odeur de rance ont fait justice depuis longtemps.

La clarification a été de tout temps l'objet des plus sérieuses recherches : la liste de produits œnologiques est riche en agents de clarification : ces agents sont les plus prompts, les plus sûrs, les meilleurs et les plus économiques de tous ceux connus.

En présence des moyens que la science met au pouvoir des propriétaires de vignes et des négociants, quiconque vend un vin trouble ou nauséabond est un ignorant et un homme de mauvaise foi ; parce que tout liquide qui est salubre doit être de bon goût et parfaitement limpide. S'il ne possède pas ces deux qualités, c'est qu'il a été impossible de les lui donner, et, dans ce cas, il doit être rejeté comme malsain, parce qu'il est malade et qu'on n'a pas su le traiter, et, dans ce cas encore, l'acheteur doit le repousser comme une marchandise dangereuse et sans valeur. Le mauvais goût et le défaut de transparence sont les vices rédhibitoires des liquides ; c'est à l'acheteur à faire consacrer cette idée toute pratique et contre laquelle nulle puissance ne saurait légitimement conclure. Tout vin trouble peut être rendu à son vendeur, comme marchandise avariée.

Il est des produits œnologiques comme de beaucoup d'autres choses ; les uns les considèrent comme une falsification, les autres comme d'une utilité contestable ; enfin d'autres comme étant d'une très-grande ressource et d'une grande utilité.

Les produits œnologiques ne sont pas et ne peuvent pas être une falsification, par la raison qu'ils n'augmentent pas la quantité de la chose vendue ; qu'ils ne contiennent rien de nuisible et qu'ils sont une amélioration comme le sont la clarification, le soufrage, le vinage, etc. Il y a longtemps que l'emploi de ces produits existe ; il y a longtemps que leur usage est non-seulement toléré, permis, mais même encouragé et récompensé comme chose d'utilité générale et reconnue.

Si l'on met un bouquet de Pomard dans une pièce de vin et qu'on le déguste immédiatement ou le lendemain, on lui trouvera un goût étrange, peu agréable et qui n'a aucune analogie avec celui des vins vieux de Bourgogne ; il est sec, tranché, insolite. Mais, si l'on attend huit ou quinze jours et que l'on déguste de nouveau, on reconnaîtra qu'un grand changement s'est opéré ; l'odeur et la saveur se sont étendues, affinées, adoucies, fondues ; elles ont gagné de la suavité et de la finesse. Il faut savoir attendre et employer ces produits. Rien de plus facile ; il suffit de suivre exactement la manière indiquée sur l'étiquette du flacon ou des paquets.

Nous connaissons un grand nombre de maisons qui ne vendent pas une pièce de vin sans y ajouter soit un bouquet, soit une séve, soit la moitié même d'une dose; elles trouvent ainsi, et avec le concours de nos agents de clarification, le moyen de rendre potables et même agréables des vins qui sont repoussés en raison de leur mauvais goût, et dont leurs confrères ne savent tirer aucun profit.

Les produits ou préparations œnologiques ont un autre côté très-important. Il y a d'excellents vins par leur constitution qui n'ont ni séve ni bouquet; il y a des vins vieux et fins qui les perdent subitement soit par l'addition de quelques litres d'un vin autre appliqué à leur remplissage, etc. : dans cet état ils ont perdu toute leur valeur. Eh bien ! un simple bouquet de Pomard ou une séve de Beaune leur rend séve et bouquet en quelques jours.

Il y a des vins trop alcooliques dont le bouquet est masqué par l'alcool : l'emploi du bouquet artificiel le fait ressortir aussitôt. En général, on peut dire que ces préparations donnent du parfum aux vins, le goût des vins vieux et qu'ils exaltent le bouquet et la séve naturels.

Nos lecteurs nous sauront gré de leur donner ici la liste des préparations œnologiques les plus usitées et leur prix : nous le faisons donc avec toute certitude d'être utile.

LISTE DES PRODUITS ŒNOLOGIQUES

Ces produits sont préparés dans le laboratoire de MM. F Lebeuf et Cie d'Argenteuil, dont les dépôts sont à Paris; mais si l'on veut recevoir promptement, on devra écrire directement à la fabrique, à MM. Lebœuf et Cie, à Argenteuil (près Paris), qui expédient leur catalogue complet sur demande adressée *franco*.

AMBRÉINE, pour donner aux vins nouveaux la couleur du vin vieux, colorer en jaune les vins blancs, vermont, etc.; la dose pour 230 litres......... 1 fr. 50.

AROME DE VINAIGRE, pour donner aux vinaigres d'alcool et autres le goût et le bouquet des vinaigres de vin; le flacon pour 1 hectolitre........... 3 fr.

AROME DU COUVET, pour faire blanchir les absinthes et leur donner l'arôme du Couvet; le flacon pour 50 litres.... .... 2 fr. 50.

BOUQUET CONSERVATEUR DES VINS DU MIDI, pour conserver, parfumer et vieillir les vins destinés aux voyages et transports; le flacon pour 600 litres   3 fr.

BOUQUET ŒNANTHIQUE DU MIDI, pour donner aux vins le bouquet et la sève des vins vieux; le flacon pour 230 litres............ .... 2 fr.

BOUQUET DE POMARD ET DE BOURGOGNE, donne au vin le goût et le parfum du vin vieux de Bourgogne. Le flacon pour 230 litres .... 3 fr.

BOUQUET DE RAISIN OU DE COGNAC, donne aux eaux-de-vie de betteraves ou de grains, le goût et le bouquet des eaux-de-vie de vin et de cognac, le demi-litre pour 1 hectolitre..:............. .... 7 fr.

CARAMEL RAISIN, les 100 kilos, net...... 100 fr.

CHARENTAISE, pour colorer les eaux-de-vie et leur donner le goût et la couleur des eaux-de-vie de la Charente; le litre pour 10 hect........ .... 4 fr.

COGNAC-SÉVE, — Préparation chimique perfectionnée pour donner le bouquet et la sève des eaux-de-vie de Cognac, aux dédoublages de 3/6 et aux coupages de toute nature. Le litre pour 1 hectolitre, 6 fr.; l'hectolitre, 550 fr. le tout sans les droits d'entrée.

COULEUR CURACAO ET BITTER, le demi-litre. 2 fr.

COULEUR SAFRAN liquide; les 100 grammes. 2 fr.

COULEUR ROUGE pour cassis et sirops de groseilles, le litre nu .... 1 fr. 10.

COULEUR VERTE EN POUDRE, pour colorer les absinthes et liqueurs. — Avec cette poudre on obtient en quelques heures une belle couleur verte qui résiste à la lumière; le paquet pour 100 litres....... 1 fr. 50.

29.

DÉSACIDIFIEUR, pour détruire l'acidité des vins nouveaux, les adoucir et les conserver; le kilo 8 fr. les 20 kilos. . . . . 120 fr.

DURCISSEUR DES VINS, pour relever les vins fades, ranimer les vins plats, usés et peu alcooliques; le flacon pour 230 litres. . . . . 2 fr. 50.

ELIXIR DE COGNAC, préparation nouvelle et perfectionnée pour donner à tous les dédoublages, coupages et eaux-de-vie, le goût, le bouquet et la saveur des eaux-de-vie de Cognac, le flacon pour 100 litres. . 5 fr.

ESSENCE DE COGNAC (garantie), communique aux eaux-de-vie de betteraves et de grains le goût des Cognacs; le flacon pour 100 litres. . . . . 5 fr.

ESSENCE DE MADÈRE, MUSCAT, MALAGA, ALICANTE, PORTO, LACRYMA-CHRISTI, GRENACHE, XÉRÈS, TOKAI, MARSALA, etc., pour les fabriquer avec du vin ordinaire; la dose pour 25 litres. . . . . . . 5 fr.

ESSENCE DE PUNCHAU RHUM, AU KIRSCH, DE PUNCH GRASSOT; la dose pour en faire 25 litres. . . . . . . 5 fr.

ESSENCE DE RHUM, ESSENCE DE KIRSCH, D'ABSINTHE, DE GENIÈVRE, pour en faire avec de l'alcool: la dose pour 50 litres. . . . . 5 fr.

ETHER DE FINE CHAMPAGNE: donne aux eaux-de-vie nouvelles et ordinaires de cognac le goût des fines champagnes; le flacon pour 100 litres. . . . . 5 fr.

ETHER ŒNANTHIQUE en dissolution alcoolique, le kilo. . . . . 350 fr.

EXTRAIT DE BITTER, le flacon pour 50 litres. 3 fr.

EXTRAIT DE VERMOUT, le flacon pour en faire 50 litres. . . . . 3 fr.

EXTRAITS PARFUMÉS pour fabriquer les liqueurs, telles que: anisette, chartreuse, raspail, curaçao, noyaux, bitter, parfait amour, rosolio, huile de rose, vespetro, vanille, Mezenc, garus, genepi des Alpes, scubac, crème de menthe, marasquin, eau d'or et autres; la dose pour 25 litres. . . . . 3 fr.

EXTRAIT DE BORDEAUX OU SÈVE DE MÉDOC. Un flacon suffit pour donner le bouquet des vins du Médoc à une barrique de 230 litres. Prix. . . . . 2 fr.

GÉLATINE ÉPURÉE pour la clarification des vins nouveaux, inodore et ne décolorant pas (nouveau procédé); le demi-kilo. 3

MALADIES DES VINS. Les altérations qui surv

nent le plus souvent aux vins sont *l'aigre*, *l'amer*, *la graisse*, *la moisissure*, *la pousse*, *etc*; chaque maladie est guérie au moyen d'une préparation spéciale. La dose pour 230 litres........ .... 3 fr.

(*Il est indispensable d'indiquer la maladie d'une manière précise. Si on ne la connaissait pas, il serait bon d'envoyer franco à notre fabrique, à Argenteuil, un échantillon du vin malade, pour éviter tout traitement inopportun ou onéreux.*)

MÈCHES SOUFRÉES PERFECTIONNÉES, le kilo, 90 c.; à la violette........ ,............ 1 fr.

POUDRE ANGLAISE pour clarifier indistinctement tous les vins, les bonifier; le demi-kilo, pour 65 à 80 hectolitres............ ,................... 5 fr.

POUDRE CLARIFIANTE DES EAUX-DE-VIE, pour clarifier, affiner les eaux-de-vie; le demi-kilo..... 3 fr.

POUDRE DE BERCY, pour la clarification de tous les vins et notamment des coupages, dont elle combine l es arômes divers; le demi-kilo pour 60 hectolitres....... .... 3 fr.

POUDRE DES VINS DE BORDEAUX ET DE LA GIRONDE, pour clarifier les vins de Bordeaux; le demi-kilo pour 30 à 35 barriques de 228 litres....... 5 fr.

POUDRE DES VINS DE BOURGOGNE, pour les clarifier, les conserver et les dépouiller; le demi-kilo pour 30 à 35 pièces de 230 litres................ 5 fr.

POUDRE DES VINS DU MIDI, pour les clarifier, les conserver et arrêter ou empêcher l'aigre; le demi-kilo pour 50 hectolitres.................... 5 fr.

POUDRE DES VINAIGRIERS, pour clarifier indistinctement tous les vinaigres; le demi-kilo........ 5 fr.

POUDRE DÉCOLORANTE, pour décolorer et clarifier les vins blancs, kirschs et vinaigres; pour 40 hectolitres. .... 6 fr.

POUDRE-COLLE DES VINS BLANCS, pour les clarifier et les conserver; le kil. pour 50 hectolitres. 10 fr.

POUDRE ÉPURATIVE, pour enlever les goûts de terroir et autres, et permettre aux vins rouges ou blancs de prendre la sève et le bouquet de ceux avec lesquels on les coupe; le demi-kilo pour 10 hect..... 2 fr. 50.

POUDRE GRADUÉE, pour la clarification et la bonification des vins; prix du demi-kilo........... 5 fr.

N° 1 clarifie tous les vins rouges; n° 2, les vins nouveaux : nº 3 guérit les vins gras ; nº 4, ceux qui ont un goût de terroir ou de fût.

POUDRE FILTRANTE DES DISTILLATEURS ; un demi-kilo suffit pour clarifier 50 hectolitres de liqueurs.. 5 fr.

POUDRE LEBEUF, pour clarifier et bonifier les vins rouges et les vins blancs, les eaux-de-vie, etc ; le demi-kilo pour 50 hectolitres............................ 3 fr.

PULVÉRINE LEBEUF, perfectionnée, bien supérieure à tout ce qui a été fait jusqu'à ce jour ; le demi-kilo, composé de 16 petits paquets de 32 gram..... 4 fr.

PURPURIGÈNE, couleur en pâte sèche pour colorer les vins blancs ou rouges. (1 kilo suffit pour colorer 20 à 25 hect. de vin blanc). Le kilo avec l'instruction, 16 fr.

RANCIO. Un flacon suffit pour vieillir un hectolitre d'eau-de-vie nouvelle de vin ou de cognac, faire disparaître le goût de terroir ; prix du flacon.. ... 5 fr.

RANCIO DES VINS ROUGES, donnant indistinctement à tous les vins le goût de vieux si recherché ; la demi-bouteille pour 230 litres..................... 4 fr.

ROUGE ANGLAIS, inoffensif, pour la coloration des liqueurs et sirops ; le litre pour 1 hectolitre..... 5 fr.

SÈVE BEAUJOLAISE, pour donner aux vins le goût et le bouquet des vins de Mâcon et du Beaujolais ; le flacon pour 230 litres......................... 2 fr.

SÈVE DE BEAUNE, pour donner aux vins le goût et le bouquet des vins de la côte de Beaune ; le flacon pour 230 litres............................... 3 fr.

SÈVE DE CHABLIS pour imiter ces vins ; le flacon pour 230 litres............................... 2 fr.

SÈVE DE CHAMPAGNE, pour donner de la sève et du bouquet aux vins blancs, les améliorer, vieillir, etc. Le flacon pour 230 litres........................ 2 fr.

SÈVE DE L'ERMITAGE, pour donner la sève et le bouquet exquis de ces vins aux vins bien constitués ; la dose pour 228 litres............................ 3 fr.

SÈVE DE MÉDOC (dite Saint-Julien), pour donner du parfum aux vins, augmenter leur bouquet ; le flacon pour 230 litres......................... 1 fr. 25.

SÈVE DES VINS BLANCS VIEUX, donne aux vins blancs ordinaires le bouquet et la sève des vins fins et vieux ; le flacon pour 230 litres................. 2 fr.

SÉVE DE SILLERY. donne aux vins blancs la séve des vins de Champagne. Indispensable pour la fabrication des vins mousseux ; le flacon pour 230 litres **4 fr.**

SIROPS D'ORGEAT. DE GROSEILLES, DE VINAIGRE, DE FRAMBOISES; le flacon d'essence où d'extrait pour faire 25 litres à la minute...................... **4 fr.**

SIROP BLANC DE FÉCULE dit de *Glucose*, pour la fabrication des liqueurs et des sirops et pour le sucrage des vins, net (au cours).

SIROP BLANC CRISTAL, N° 1, les 100 kil. non logés, net (au cours).

— **BLANC CRISTAL,** n° 2, les 100 kil. non logés, net (au cours).

— **PAILLÉ,** n° 3, les 100 kil. non logés, net (au cours).

— **PAILLÉ LOUCHATRE,** n° 4, les 100 kil. non logés, net. (au cours).

— **MASSÉ,** en pains coniques, les 100 kil. non logés, net (au cours).

SIROP DE RAISIN, préparé spécialement pour le dédoublage des 3/6 et le mouillage des eaux-de-vie; les 100 kilos net. .... **120 fr.**

TEINTE BORDELAISE, pour colorer, conserver les vins (1 litre colore autant que 20 litres de vin debonne); l'hect. net 100 fr.; au-dessous d'un hect....... **110 fr.**

VIEILLISSEUR DES EAUX-DE-VIE. Donne six à huit ans d'âge à tout cognac ou eau-de-vie de vin; le flacon pour 100 litres.»...................... **5 fr.**

VIEILLISSEUR DES VINS, pour vieillir les vins. N° 1, pour les vins durs, secs, âpres, provenant de vendanges non mûres; n° 2, pour les vins qui n'ont que peu de verdeur ou qui ont une pointe d'aigre; n° 3, pour les vins tendres ou pour ceux qui proviennent de raisins bien mûrs, la dose pour deux hectolitres....... **3 fr.**

VINAGE CHIMIQUE pour conserver sains et exempts de toute altération les vins du Midi et autres destinés à être transportés, soit en France ou à l'étranger, soit en Angleterre ou aux Colonies. Le kilo pour 4 à 5 hectolitres....................... **10 fr.**

ESSENCES ARTIFICIELLES, le flacon ;   le litre.

D'ABRICOTS...............	de **100** gr.	**8** fr.	**20** fr.
D'ANANAS...............,	—	**3** fr.	**20** fr.
DE CERISES...,..........	—	**8** fr.	**20** fr.
DE COGNAC..	—	**50** fr.	**100** fr.
DE FRAISES.	—	**3** fr.	**20** fr.
DE FRAMBOISES.........	—	**8** fr.	**20** fr.
DE GROSEILLES ROUGES..	—	**8** fr.	**20** fr.
DE GROSEILLES NOIRES..	—	**8** fr.	**20** fr.
DE PÊCHES.	—	**3** fr.	**20** fr.
DE POMMES.	—	**8** fr.	**20** fr.
DE PRUNES.............	—	**3** fr.	**20** fr.
DE NECTAR.............	—	**3** fr.	**20** fr.
DE MURES..............	—	**8** fr.	**20** fr.
DE RHUM.	—	**8** fr.	**20** fr.
DE VINAIGRE.		Au cours et suivant qualité.	

Manière d'employer les produits œnologiques

Bien que nous ayons indiqué la manière d'employer chaque produit dans le cours de cet ouvrage, nous avons cru devoir l'indiquer de nouveau ici, pour la facilité des recherches.

Poudres

Sous le nom de poudres, nous comprenons la *poudre anglaise*, *la poudre clarifiante des eaux-de-vie*, *la poudre des vins de Bordeaux*, *de Bourgogne et du Midi*, *la poudre décolorante*, *la poudre des vins mousseux*, *la poudre Lebeuf*, *la poudre filtrante des distillateurs*, *la poudre revivifiante* et *la poudre des vins de liqueurs vermout*, etc. Pour les employer de manière à en obtenir tout le résultat voulu, il faut opérer comme il suit :

Délayez la quantité de poudre indiquée en versant dessus un peu d'eau froide, pour en faire une pâte que vous convertissez en bouillie en ajoutant un peu plus d'eau et en pétrissant ou remuant avec une cuiller. Continuez d'ajouter de l'eau pour rendre la bouillie plus claire, jusqu'à concurrence d'un demi-litre. Cela fait, prenez un balai d'osier et fouettez en ajoutant toujours de l'eau pour opérer la solution complète et en employant environ un litre à deux litres d'eau pour le vin et un demi-litre à un litre pour les liqueurs et eaux-de-vie, vins et liqueurs et vinaigres.

Pour l'eau-de-vie, on peut employer un verre d'eau et délayer ensuite avec de l'eau-de-vie. Pour les vins, on peut également n'employer que la même quantité d'eau et achever la solution avec du vin. Cette manière d'opérer est préférable pour les vins fins et les eaux-de-vie dont on craint d'abaisser le degré et auxquels on tient à conserver toute leur force et leur pureté.

Quand la solution est complète et bien faite, il faut débonder, donner un coup de fouet au liquide, verser la solution ou colle, agiter vivement pendant quelques minutes et bonder

Si l'on veut une clarification prompte, on peut augmenter la dose d'un tiers à la moitié et même la doubler.

Bouquets des vins.

Le bouquet de Pomard et de Bourgogne, l'extrait de pineau, l'extrait de Bordeaux, le rancio des vins, les sèves de Beaune et de Chablis, de Saint-Julien ou Médoc et de Sillery, s'emploient de la manière suivante :

Versez dans le vin ; puis donnez un coup de fouet et bondez hermétiquement.

Si le vin a besoin d'être collé et soutiré, il ne faut ajouter le bouquet qu'après soutirage, car cette opération enlève toujours une certaine partie de l'arôme qui n'est pas encore combiné avec le vin.

Il faut avoir soin de bien bonder, pour que le vin se parfume complétement et pour éviter l'évaporation.

Extraits pour liqueurs

Versez l'extrait dans l'alcool, mêlez, bouchez et laissez en repos pendant une heure ou deux ; agitez de nouveau : puis, mêlez au sirop, en remuant le mélange. Collez à la poudre filtrante et laissez reposer 4 ou 5 jours avant de filtrer.

Essence de cognac, élixir de Cognac, éther de fine Champagne, huile d'Armagnac, Rancio

Versez dans un litre d'eau-de-vie et mélangez, mettez dans le fût et agitez vivement pour bien opérer le mélange, et bondez hermétiquement.

Essence de rhum, de kirsch, d'absinthe

On opère comme il vient d'être dit pour les produits relatifs à l'eau-de-vie.

Essence des vins de liqueur. Vermout et punch

On verse l'essence dans l'eau-de-vie, on agite le mélange, puis on verse dans le vin.

Gélatine

On fait ramollir la gélatine dans de l'eau froide pendant 3 ou 4 heures ; puis on opère la dissolution à l'aide d'un feu doux et on verse dans le fût, en ayant la précaution d'agiter avant et après.

La gélatine ne convient que pour le collage des vins très-colorés et très-forts, parce qu'elle les décolore et les affaiblit avec une grande énergie.

Maladies des vins

Pour ne pas nous répéter, nous renvoyons à l'article *Maladies des vins*, pour avoir l'indication complète du mode d'emploi des substances employées à la guérison ou au traitement des altérations qui surviennent aux vins.

Vieillisseur des vins

Faire dissoudre dans un litre ou deux d'eau, fouetter le vin, y introduire la solution ; fouetter de nouveau et coller à la poudre anglaise. Soutirer au bout de huit jours.

Pour donner plus d'énergie à l'action du produit, il faut, quand le vin est très-dur et âpre, ne le coller que trois ou quatre jours après qu'on y a introduit *le vieillisseur* ; remuer tous les jours deux fois, pour faire remonter les substances qui se sont précipitées et les remettre en contact avec le vin ; puis, alors procéder au collage avec la poudre anglaise.

Pour les autres produits, la manière d'opérer est plus simple encore ; nous nous dispenserons d'entrer dans des détails à ce sujet. Elle est d'ailleurs indiquée dans l'instruction qui accompagne chaque préparation.

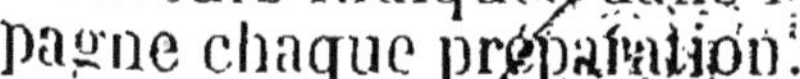

FIN.

TABLE

Poissy. — Typ. Arbieu, Lejay et Cie.